国家出版基金项目
NATIONAL PUBLICATION FOUNDATION

"十三五"
国家重点出版物出版规划项目

陆战装备科学与技术·坦克装甲车辆系统丛书

现代坦克装甲车辆 电子综合系统

Modern Armored Vehicle Electronic Integrated System

李春明 胡建军 李芍 编著

U0234895

北京理工大学出版社
BEIJING INSTITUTE OF TECHNOLOGY PRESS

图书在版编目（CIP）数据

现代坦克装甲车辆电子综合系统/李春明，胡建军，李芍编著．－－北京：北京理工大学出版社，2021.7

（陆战装备科学与技术·坦克装甲车辆系统丛书）

国家出版基金项目　"十三五"国家重点出版物出版规划项目　国之重器出版工程

ISBN 978 - 7 - 5682 - 7115 - 8

Ⅰ.①现… Ⅱ.①李… ②胡… ③李… Ⅲ.①坦克—电子系统②装甲车—电子系统 Ⅳ.①TJ811

中国版本图书馆 CIP 数据核字（2019）第 107271 号

出　　版/北京理工大学出版社有限责任公司

社　　址/北京市海淀区中关村南大街 5 号

邮　　编/100081

电　　话/（010）68914775（总编室）

　　　　　（010）82562903（教材售后服务热线）

　　　　　（010）68944723（其他图书服务热线）

网　　址/http://www.bitpress.com.cn

经　　销/全国各地新华书店

印　　刷/固安县铭成印刷有限公司

开　　本/710 毫米×1000 毫米　1/16

印　　张/15

彩　　插/2　　　　　　　　　　　　　　　　责任编辑/李炳泉

字　　数/266 千字　　　　　　　　　　　　　文案编辑/梁铜华

版　　次/2021 年 7 月第 1 版　2021 年 7 月第 1 次印刷　　责任校对/周瑞红

定　　价/72.00 元　　　　　　　　　　　　　责任印制/李志强

《国之重器出版工程》
编 辑 委 员 会

专家委员会委员（按姓氏笔画排列）：

于　全	中国工程院院士
王　越	中国科学院院士、中国工程院院士
王小谟	中国工程院院士
王少萍	"长江学者奖励计划"特聘教授
王建民	清华大学软件学院院长
王哲荣	中国工程院院士
尤肖虎	"长江学者奖励计划"特聘教授
邓玉林	国际宇航科学院院士
邓宗全	中国工程院院士
甘晓华	中国工程院院士
叶培建	人民科学家、中国科学院院士
朱英富	中国工程院院士
朵英贤	中国工程院院士
邬贺铨	中国工程院院士
刘大响	中国工程院院士
刘辛军	"长江学者奖励计划"特聘教授
刘怡昕	中国工程院院士
刘韵洁	中国工程院院士
孙逢春	中国工程院院士
苏东林	中国工程院院士
苏彦庆	"长江学者奖励计划"特聘教授
苏哲子	中国工程院院士
李寿平	国际宇航科学院院士

李伯虎	中国工程院院士
李应红	中国科学院院士
李春明	中国兵器工业集团首席专家
李莹辉	国际宇航科学院院士
李得天	国际宇航科学院院士
李新亚	国家制造强国建设战略咨询委员会委员、中国机械工业联合会副会长
杨绍卿	中国工程院院士
杨德森	中国工程院院士
吴伟仁	中国工程院院士
宋爱国	国家杰出青年科学基金获得者
张　彦	电气电子工程师学会会士、英国工程技术学会会士
张宏科	北京交通大学下一代互联网互联设备国家工程实验室主任
陆　军	中国工程院院士
陆建勋	中国工程院院士
陆燕荪	国家制造强国建设战略咨询委员会委员、原机械工业部副部长
陈　谋	国家杰出青年科学基金获得者
陈一坚	中国工程院院士
陈懋章	中国工程院院士
金东寒	中国工程院院士
周立伟	中国工程院院士

郑纬民	中国工程院院士
郑建华	中国科学院院士
屈贤明	国家制造强国建设战略咨询委员会委员、工业和信息化部智能制造专家咨询委员会副主任
项昌乐	中国工程院院士
赵沁平	中国工程院院士
郝　跃	中国科学院院士
柳百成	中国工程院院士
段海滨	"长江学者奖励计划"特聘教授
侯增广	国家杰出青年科学基金获得者
闻雪友	中国工程院院士
姜会林	中国工程院院士
徐德民	中国工程院院士
唐长红	中国工程院院士
黄　维	中国科学院院士
黄卫东	"长江学者奖励计划"特聘教授
黄先祥	中国工程院院士
康　锐	"长江学者奖励计划"特聘教授
董景辰	工业和信息化部智能制造专家咨询委员会委员
焦宗夏	"长江学者奖励计划"特聘教授
谭春林	航天系统开发总师

《陆战装备科学与技术·坦克装甲车辆系统丛书》
编写委员会

编者序

  坦克装甲车辆作为联合作战中基本的要素和重要的力量，是一个最具临场感、最实时、最基本的信息节点，其技术的先进性代表了陆军现代化程度。

  装甲车辆涉及的技术领域宽广，经过几十年的探索实践，我国坦克装甲车辆技术领域的专家积累了丰富的研究和开发经验，实现了我国坦克装甲车辆从引进到仿研仿制再到自主设计的一次又一次跨越。在车辆总体设计、综合电子系统设计、武器控制系统设计、新型防护技术、电子电气系统设计及嵌入式软件设计、数字化与虚拟仿真设计、环境适应性设计、故障预测与健康管理、新型工艺等方面取得了重要进展，有些理论与技术已经处于世界领先水平。随着我国陆战装备系统的理论与技术所取得的重要进展，亟须通过一套系统全面的图书，来呈现这些成果，以适应坦克装甲车辆技术积淀与创新发展的需要，同时多年来我国坦克装甲车辆领域的研究人员一直缺乏一套具有系统性、学术性、先进性的丛书来指导科研实践。为了满足上述需求，《陆战装备科学与技术·坦克装甲车辆系统丛书》应运而生。

  北京理工大学出版社联合中国北方车辆研究所、内蒙古金属材料研究所、北京理工大学、中国人民解放军陆军装甲兵学院、南京理工大学、中国人民解放军陆军军事交通学院和中国兵器科学研究院等单位一线的科研和工程领域专家及其团队，策划出版了本套反映坦克装甲车辆领域具有领先水平的学术著作。本套丛书结合国际坦克装甲车辆技术发展现状，凝聚了国内坦克装甲车辆技术领域的主要研究力量，立足于装甲车辆总体设计、底盘系统、火力防护、电气系统、电磁兼容、人机工程等方面，围绕装甲车辆"多功能、轻量化、网络化、信息化、全电化、智能化"的发展方向，剖析了装甲车辆的研究热点和技术难点，既体现了作者团队原创性科研成果，又面向未来、布局长远。为确保其科学性、准确性、权威性，丛书由我国装甲车辆领域的多位领军科学家、总设计师负责校审，最后形成了由 14 分册构成的《陆战装备科学与技术·坦克装甲车辆系统丛书》（第一辑），具体名称如下：《装甲车辆行驶原理》《装甲车辆构造与原理》《装甲车辆制造工艺学》《装甲车辆悬挂系统设计》《装甲车辆武器系统设计》《装甲防护技术研究》《装甲车辆人机工程》《装甲车辆试验学》《装甲车辆环境适应性研究》《装甲车辆故障诊断技术》《现代坦克装甲车辆电子综合系统》《坦克装甲车辆电气系统设计》《装甲车辆嵌入式软件开发方法》《装甲车辆电磁兼容性设计与试验技术》。

　　《陆战装备科学与技术·坦克装甲车辆系统丛书》内容涵盖多项装甲车辆领域关键技术工程应用成果，并入选"'十三五'国家重点出版物出版规划"项目、"国之重器出版工程"和"国家出版基金"项目。相信这套丛书的出版必将承载广大陆战装备技术工作者孜孜探索的累累硕果，帮助读者更加系统全面地了解我国装甲车辆的发展现状和研究前沿，为推动我国陆战装备系统理论与技术的发展做出更大的贡献。

丛书编委会

前　言

　　传统坦克装甲车辆的信息系统一般称为综合电子系统，该系统的设备主要是车载计算机和总线，其功能种类偏少，技术集成度不高，设计一般围绕着车辆的乘员操控、显示设备的控制需求分析展开，设计对象主要包括车辆的控制总线、任务网络、信息传输协议，以及车载处理及显示计算机等，自20世纪60年代至今经历了分离式、联合式和综合式的发展历程。

　　近年来，在信息化、网络化、体系化、智能化的发展趋势下，信息系统的内涵和外延发生了较大的变化，这表现在几个方面：一是越来越多的传统功能通过软件实现，新增的任务协同也主要依托软件实现，传统的硬件集成逐渐向软件集成发展；二是显控资源的集成，传统的握把、按键等人机交互方式逐渐向语音、多点触控、多功能手柄以及多功能方向盘等发展；三是通信和射频资源的逐渐丰富，在传统射频应用（包括短波、超短波、敌我识别等）的基础上，又增加了自组网、数据链、卫通卫导甚至探测雷达。无论这些新增加的功能和部件是否被纳入信息系统的范畴，它们的信息交互和功能的发挥都必须依托整车的信息系统。因此，信息系统的关注点从过去的总线和计算机延伸至传感器、任务协同（软件）、综合处理平台（计算机）等方面。

　　在此背景下，为了更好地适应新技术在坦克装甲车辆中的集成和融合，满足坦克装甲车辆行业工程技术人员知识更新和培养专业人才的需要，作者通过总结近年来的坦克装甲车辆信息系统综合化设计、集成、测试的研究、探索与实践，在中国北方车辆研究所和北京理工大学出版社的支持下，撰写了这本《现代坦克装甲车辆电子综合系统》。

　　全书共 6 章，第 1 章介绍了坦克装甲车辆电子综合系统的概念的基本概念、组成与功能以及发展历程，并通过分析国外装甲车辆信息系统的发展现状，对装甲车辆信息系统的发展趋势进行了展望；第 2 章主要对装甲车辆信息系统的设计内容、设计流程和设计方法进行了介绍，并结合俄罗斯最新的 T - 14 坦克进行了说明；第 3 章对坦克装甲车辆的指控任务综合进行了介绍；第 4 章围绕坦克装甲车辆的主要传感器，介绍了传感器综合、光电综合以及射频综合的相关技术；第 5 章主要针对装甲车辆信息系统的计算处理平台、软件架构进行了介绍；第 6 章对信息系统的动态综合集成技术进行了介绍。

　　本书第 1 章由李春明、刘勇撰写，第 2 章由李春明、李芍撰写，第 3 章由胡建军撰写，第 4 章由胡建军、安卫正撰写，第 5 章由李芍、冯亮撰写，第 6 章由夏咏梅、周娜撰写。全书由李春明、胡建军起草撰写大纲、统稿和审定。

　　在撰写过程中得到了中国北方车辆研究所总体技术部和信息与控制技术部很多工程技术人员的帮助，西安电子工程研究所杜自成提供了部分素材，装甲兵工程学院宋小庆审读了全书，提出了许多宝贵的修改意见。在此，一并表示衷心感谢。

　　本书出版发行旨在对国内装甲车辆工程技术人员有所启发和帮助，由于知识、经验和水平有限，书中难免存在不妥和错漏之处，恳请读者批评指正。

目　录

第 1 章

绪　　论

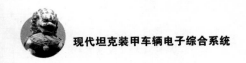

|1.1 坦克装甲车辆电子综合系统的概念|

坦克装甲车辆电子综合系统，常被称为坦克装甲车辆"综合电子系统""综合电子信息系统""信息系统"等。由于综合电子信息系统起源于航空电子，所以人们参照"航空电子"的简称"航电"，将坦克装甲车辆电子综合系统简称为"车电系统"。但人们对其概念与内涵的认识至今并不统一，许多人往往简单地将信息系统理解为信息采集与执行、传输、处理和显示控制的电子系统，认为只要掌握"计算机"或"总线"等电子信息技术就能胜任信息系统的设计。但是实际上坦克装甲车辆电子综合系统的设计需要综合考虑军事需求，系统功能，车辆平台功能，车际车内的信息采集、传输、处理以及行动等一系列过程。

坦克装甲车辆电子综合系统是坦克装甲车辆的重要组成部分，它以信息理论及先进电子技术为基础，采用系统工程方法，在车辆物理结构空间中将各类信息采集与执行、传输、处理、显示控制等功能及相应的电子设备，通过车载总线/网络和软件等技术组合成为一个有机的整体，以达到系统资源高度共享和整体效能大幅提高的目的，从而满足坦克装甲车辆的作战应用需求。与通常所说的信息系统相比，坦克装甲车辆电子综合系统具有嵌入式的特点，其结构、体积、质量、安装空间，以及计算、处理、存储等资源都受限。坦克装甲车辆作战任务的日益复杂以及信息处理需求量的日益增大，给坦克装甲车辆电子综合系统的设计带来了更大的挑战，提出了更高的要求。

一般来说，坦克装甲车辆电子综合系统有广义和狭义两种不同的定义。

从广义上来说，坦克装甲车辆电子综合系统是实现坦克装甲车辆信息采集与执行、传输、处理和显示控制的系统，是传感器、总线、电台、车通、计算机软/硬件、显示器、操控设备，以及战场环境、作战任务和乘员显控等的集成系统，可实现指挥控制、通信、敌我识别、武器控制、电子对抗、电气控制、推进控制、人机交互等功能，为车辆完成作战任务提供支撑。与坦克装甲车辆传统的推进系统、武器系统、防护系统等相比，坦克装甲车辆电子综合系统可被看作一个系统之系统（System of System，SoS），通过信息这个媒介，可将各个系统的信息采集与执行、传输、处理和显示控制等功能和设备有机地连接起来，以实现各个系统计算处理资源的共享和信息的综合运用，从而提高车辆的整体作战效能（图1-1）。

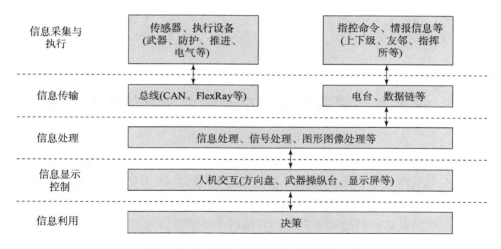

图1-1　广义的坦克装甲车辆电子综合系统

从狭义上来说，坦克装甲车辆电子综合系统在坦克装甲车辆发展不同阶段有着不同的概念内涵，是广义概念在车电各个阶段的具体实现，与广义上的概念内涵并无实质性的不同。车电系统是借鉴航电技术同步发展的，与航电发展历程类似，车电系统经历了分立式、联合式到综合化的发展历程。

早期，坦克装甲车辆电子综合系统采用分立式系统结构。当时坦克装甲车辆主要处于机械化阶段，电子部件较少，数字化程度低，各分系统独立完成自身控制和操作，系统电子综合需求较低。这个阶段车电系统主要功能是完成车际间语音通信，组成包括电台、车通等。

随后，坦克装甲车辆电子综合系统发展为联合式系统结构。随着坦克上装载的电子设备种类和数量不断增加，数字化程度提升，各分系统间信息交互需求增加，互联接口、布局布线越来越复杂，为了解决系统间信息交互能力不足和扩展能力较弱的问题，美军 M1A2 和德国豹 2 等以计算机为中心的联合式车电系统设计渐渐成为主流。这个阶段车电系统主要功能是数字式指挥、操控部分综合、总线信息共享，组成扩展为数传电台与车通、指控、定位导航、乘员显控、总线网络等。

现代坦克装甲车辆电子综合系统进一步发展为综合式系统结构。信息化战争和技术的发展使坦克承担的任务日益多样化和复杂化，感知能力、打击手段和防护技术日益电子化、智能化。为解决光电、射频设备占用空间与质量持续增长、经济成本居高不下、维护困难等突出矛盾，信息系统进一步发展为综合式系统结构。这个阶段车电系统主要功能是任务式指挥、乘员综合操控、感知综合以及为其他分系统提供通用处理环境，由于进行了高度综合，其组成形式发生了较大变化，包括任务综合系统、乘员综合操控系统、传感综合系统与处理综合平台等。

|1.2　联合式坦克装甲车辆电子综合系统的组成与功能|

联合式坦克装甲车辆电子综合系统主要功能是完成数字式指挥、操控部分综合、总线信息共享，所以其组成主要包括也是以总线信息传输为基础，以乘员操控为平台，完成车辆的指挥控制。

受主战坦克结构的限制，坦克装甲车辆电子综合系统在物理上可分为两部分：部署安装在底盘上的电子系统和部署安装在炮塔上的电子系统。一个典型的联合式坦克装甲车辆电子综合系统架构如图 1-2 所示。由图可知，根据功能和信息的耦合性，坦克装甲车辆电子综合系统不但包括信息的获取、传输、处理和显示，还包括火控、防护、炮控、机电、"三防"、灭火、发动机等各分系统或设备的控制系统，各子系统由独立的传感器、总线、控制器、执行设备等组成，独立完成各分系统功能，各子系统之间通过总线（CAN 总线或FlexRay 总线）连接，实现信息传输与共享；炮塔与底盘之间的信息传输需要经过电旋，两部分之间的信息通过一个网关或设备（如驾驶员终端）实现共享。各子系统的信息通过总线汇总到乘员（驾驶员、车长和炮长）的显控终端进行显示。

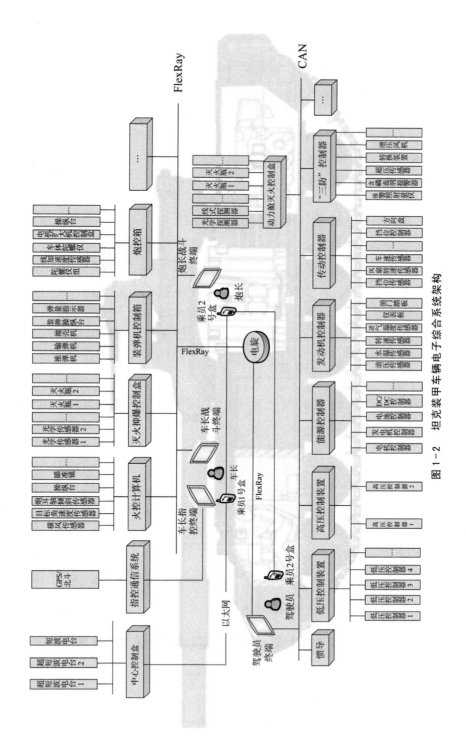

图 1-2 坦克装甲车辆电子综合系统架构

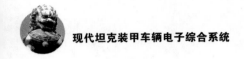

1.2.1　底盘控制总线

底盘控制总线连接惯导、电气控制、发动机控制、传动控制、"三防"和灭火等分系统，用于完成各功能分系统控制层的信息传输与共享。底盘控制总线采用 CAN 总线，是坦克装甲车辆中应用最广泛的一种总线技术，最大稳定传输速率可达 1Mb/s，具有较高的可靠性和良好的错误检测能力，适于应用在环境温度恶劣、电磁辐射强和振动大的环境中，具有通信方式灵活、实时性高、协议简单和组网灵活的特点。

1.2.2　武器控制总线

武器控制总线连接火控、灭火抑爆、装弹机、炮控、指控等分系统，用于完成各功能分系统控制层的信息传输与共享。在本示例中，武器控制总线采用 FlexRay 总线，它是一种新型的总线技术，具有较高的通信带宽、时间确定性、分布式时钟同步、容错能力，采用双通道冗余传输，最大数据传输速率可达 10 Mb/s，在一些汽车上已得到成功应用，是一种具有潜力的总线技术。

1.2.3　乘员人机交互设备

乘员人机交互设备包括为驾驶员、车长和炮长提供的所有信息显示设备和操控设备。

驾驶员的人机交互设备由属于不同分系统的设备组成，包括方向盘、油门踏板、制动踏板、操控面板、电气操控面板等设备，能够对不同功能分系统进行操作控制，并且为驾驶员配置了驾驶员终端，能够实现各功能分系统信息的综合显示，在信息显示层面实现综合化。同理，车长和炮长的人机交互设备也由分别属于火控、炮控、指控等分系统的设备组成，并根据乘员任务的不同，为车长配置了车长指控终端和车长战斗终端，分别用于完成车辆的指挥控制和搜索侦察，为炮长配置了炮长战斗终端，实现了显示信息的综合。

| 1.3　现代坦克装甲车辆电子综合系统的组成与功能 |

随着未来战争朝着联合作战、体系对抗、透明战场等形态的演进，信息技术的快速发展，现代坦克装甲车辆承载的任务日益多样化、复杂化，车电系统涵盖的功能越来越多，范围越来越广，层级也会越来越高，组成形态与功能发生很大变化，不再是传统的支撑其他分系统操作显示与信息共享，而是以系统和车辆的任务综合为目标，通过传感综合提供统一态势实时信息，通过显控综合为乘员提供统一任务信息与操作，通过处理综合平台提供统一的软硬件运行环境。

1.3.1 任务综合

任务综合是指多源信息的综合利用。面向未来基于体系的联合化协同作战，应实现坦克装甲车辆车际车内一体化融合设计，包括指控信息、态势信息与坦克装甲车辆平台的融合，以及战场信息与平台信息的融合显示等，将作战分队中各平台的武器系统、防护系统、机动系统、乘员等通过车际和车内网络有机地连接为一个虚拟的"大坦克平台"，通过大平台内各子系统和设备的协同，实现作战分队的综合控制和分队的指挥控制自动化，使作战分队和其中的每个武器装备都能够真正成为联合作战体系中的一个重要的感知节点、打击节点和防护节点，进而为乘员和指挥员完成任务构建游刃有余的信息运用环境，提高作战分队的作战效能。

而且，未来战场上的协同，不只是基于预先方案的协同，还是全作战过程中的实时协同，应该能够根据战场态势的变化，实时地进行协同。任务综合系统应该能够根据坦克装甲车辆作战分队中各组成的能力和战场环境，对协同任务进行科学、合理的分解与分配，并在执行任务过程中，根据环境的变化，动态地对任务进行调度，以保证系统能高效地完成复杂的作战任务。

1.3.2 显控综合

随着感知技术和信息技术的发展，乘员需要感知和处理的信息量有巨大的增加，对乘员的显控提出了更高的要求，对乘员间的协同产生了更高的需求。在复杂交互环境下，坦克装甲车辆操作程序的复杂度直接关系到任务能否得到正常、有效地执行。因此，以乘员完成任务为中心，以提高任务完成效率为目标，将乘员的显示界面、操控设备等显控资源进行综合，基于任务将显控功能进行有机的组合和设计，并利用先进的信息技术实现更高程度的人机结合，从而提高坦克装甲车辆乘员的人机交互手段和交互方式，以提高坦克装甲车辆的作战效能和可用性，增强乘员的态势感知能力和决策能力，减少决策和反应时间，降低操作误差。

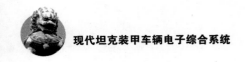

1.3.3　传感综合

随着战场环境日益复杂，车辆任务与功能逐渐增加，战场感知手段多样化，使得传感器日益增多，必须通过传感综合来满足总体空间和质量的约束。传感综合包括了射频综合与光电综合。

1）射频综合

为了适应未来战争中对探测与通信的需求，必须加装兼具战场态势感知、近程防护、电子对抗、敌我识别、宽频谱智能协同通信的各类射频传感器。而目前传统车辆内部的传感器都是单独安装，如果按照功能累积的思路、架构进行发展，车外独立安装的天线数量及车内处理单元数量将会成倍增加。

首先是射频前端与处理的集成。通过射频天线、射频前端收/发通道、信息处理与控制等资源的共用，实现雷达、电子对抗、通信导航及敌我识别多任务的统一管理、控制和调度。

其次是射频资源的规划、频谱共用与复用。综合射频系统涉及多种频段、多种功能、多种信号形式的综合电子信息系统，其中包括工作于同一频段的不同功能部分，因此通过规划、共用和复用，实现多个功能、多个孔径在时间、空间、频段上的统一管理调度，就非常重要。

最后是射频综合探测。射频综合探测的主要功能是完成对低空、地面目标的监视和跟踪，结合坦克装甲车辆的使用工况，发挥其搜索速度快、扫描范围广的特点，灵活设计探测系统的工作模式，综合提高其战场主动探测能力。

2）光电综合

光电综合从战场观察和目标搜索与瞄准需求出发，通过分布式感知的综合，提供近距离范围内的全景实时快速感知，实现透明座舱，满足装甲平台高速编队行军、城市作战、遥控武器观瞄等近距离全景态势观察能力需求；通过多频谱搜索瞄准综合，实现中距离地面目标、远距离低空目标的自动探测和高精度的自动跟踪瞄准，达到先敌发现、先敌打击的快速打击目的。

1.3.4　处理综合

未来坦克装甲车辆通过网络化感知、控制、打击、防护，实现全维态势感知、一体化指挥控制、实时协同作战、精确打击、精准机动、综合保障的高度融合。而这种融合必将打破传统各分系统的界限，由分布式控制管理向集中管理、分布控制的高度综合化过渡。一方面将继续大幅度提高信息处理和使用的能力；另一方面将实现系统功能的高度综合集成，提升系统功能扩展、自动化综合管理和诊断能力。这些均需要构建一个开放式的通用软硬件平台，进行诸多控制与管理功能的综合处理，进而实现以下能力：

1）功能软件化。越来越多地利用软件取代原来由硬件实现的功能，所有应用程序共享硬件资源，减少配置子系统个数，节省质量、空间、成本，提升资源利用率，并为后续扩展预留空间。

2）调度灵活化。将应用程序进行细粒度划分，采用周期轮转或优先级抢占调度策略，确保每个应用程序或安全关键程序的截止期限得到满足。

第 2 章

坦克装甲车辆电子综合系统总体设计

|2.1 概　　述|

坦克装甲车辆电子综合系统总体设计是在军方装备论证部门向工业部门输出的信息化作战军事需求的条件下开展的军事需求向功能需求转变，并进行平台内及平台间的电子综合系统关于系统组成、系统网络互连、乘员操作程序、系统内外信息采集、信息传输以及处理等的一系列功能、性能的设计，并输出系统方案、系统技术任务书以及技术规范等文件，以进一步指导工程设计和具体的实现。

由于军事需求一般描述的是在某一战场想定环境下的作战过程，其突出的是单一装备平台的作战能力、多个装备形成的协同作战能力，以及预期的效果与平台车辆电子综合系统的功能，因此首先需要进行军事需求到功能需求的映射，这一映射将面向多个不同层级展开，包括多平台系统层、平台层、分系统/功能域层等。

明确了各个层级的系统功能之后，若采用传统自下而上的设计方法，则可以将系统的功能进行分类并映射到已知的物理子系统或设备中去，或者针对某些新的功能需求增加物理子系统或设备；若采用自上而下的设计方法，则一般不会直接将功能映射到技术或物理系统设计层面，而是对应到逻辑层面。针对系统功能可设计出不同的功能域，若该逻辑功能域采用通用化、模块化、综合化的物理实现方式，则可以认为此设计形成的系统具备坦克装甲车辆电子综合系统的特点。

在物理系统设计层面，也可以使用自下而上和自上而下两种方法。自下而上偏向于依赖经验和现有的技术系统设计，其技术的更迭一般服从计算机、通信、控制等行业的技术进展，其技术成熟度高、可靠性高，且能在较短的时间内完成项目研制；然而，该方法对子系统或设备研制的技术人员的要求较高，总体设计人员有时难以保证系统功能对需求的贴合度和保持技术的先进性。自上而下偏向于关注架构、互联等较宏观或影响范围较大的技术体系，其技术的成熟度往往偏低（特别是在自下而上设计转变为自上而下设计的过程中，新方案往往较老方案带来很多未验证的技术）；然而自上而下的优势在于技术整体的先进性更高，对需求的贴合更紧密，同时其对总体设计人员的要求较高。

2.1.1　总体设计内容

系统的概念包含了 3 层含义：①系统由两个或两个以上的元素组成；②系统的元素之间存在着各种简单或者复杂的关系或联系，元素之间相互影响、相互依赖、相互作用；③系统是其所有元素与全部关系综合而成的、具有特定功能的有机整体。

坦克装甲车辆电子综合系统是一个由多环境、多系统、多任务以及多资源构成的相互关联、相互支持、相互集成及相互制约的复杂系统。它作为一类特殊的系统，也具有系统的一般特性。其实质是一种以计算机网络技术为媒介，对坦克装甲车辆各个功能分系统产生的信息进行采集、处理、分配、传输、存储的系统，通过信息综合完成动力、传动、通信指挥、火力等子系统的综合控制和管理，从而达到功能的综合和输出。

从对系统的一般定义来分析坦克装甲车辆电子综合系统总体设计的内涵，可以了解到坦克装甲车辆电子综合系统总体设计的主要内容。其具体包括以下 3 个方面：

（1）系统组成，即通过总体设计定义坦克装甲车辆电子综合系统的组成和构型。

（2）系统之间的约束，即通过总体设计确定坦克装甲车辆电子综合系统的网络架构以及子系统/设备间的信息流和信息接口。

（3）具有特定功能的有机整体，即通过总体设计定义坦克装甲车辆电子综合系统的功能以及乘员使用坦克装甲车辆电子综合系统完成的任务。

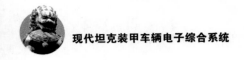

2.1.2 设计方法

1. 结构化分析与设计

结构化分析与设计是目前应用最广、最成熟的一种开发方法，其基本思想是将生命周期与结构化程序设计思想相结合，遵循用户至上的原则，结构化、模块化、自上而下地对系统进行开发。

结构化分析与设计是由荷兰埃因霍温大学的 Dijkstra 教授和 Bohm 以及 Jacopini 于 20 世纪六七十年代先后提出的。这种思想强调一个程序的详细执行过程可以按照"自上而下，逐步求精"的方法确定。"自上而下"是将程序分解成若干个功能模块，这些模块之间尽可能彼此独立；"逐步求精"是将模块的功能进一步分解出一组子功能，通过对每个子功能的实现来形成一个完整的程序。后来人们受到结构化程序设计的启发，将其"模块化"核心思想引入系统设计中，把一个系统设计成层次化的模块结构。

结构化系统开发的基本思想是采用结构化的系统分析和设计方法，依据系统开发的生命周期，把一个复杂的系统开发过程严格划分为足够简单，并能够被人清楚地理解和表达的若干阶段；每一个阶段都规定有任务、工作流程、管理目标，产生并编制相应的文档；下一个阶段的工作是在上一个阶段文档的基础上进行，以使开发工作易于管理和控制，形成一个可操作的规范，并分阶段实现。系统的生命周期和结构化程序设计思想的结合，使系统分析与设计结构化、模块化、标准化，使整个开发过程可控且易于管理。

结构化开发方法是一种传统的开发方法，它的突出优点是：

（1）强调系统开发过程的整体性和全局性。强调在整体优化的前提下，考虑具体的系统分析设计问题，即自上而下的观点。

（2）强调系统开发过程中各个阶段的顺序性。强调严格地区分开发阶段，通过每个过程及时地发现错误，从而进行反馈和修正，以避免开发过程的混乱。

（3）强调工作文档标准化、规范化。系统开发过程由不同的阶段构成，不同的阶段有不同的开发者参与，为了保证不同阶段的工作能够很好地衔接，实现不同角色协同工作，需要使开发过程的每个步骤规范标准化。

结构化分析和设计也有一些不足，主要表现在两个方面：

（1）缺乏灵活性，难以满足多变的需求。结构化系统开发方法要求在用户需求分析阶段中必须完整准确地描述用户的各种需求，然而在现实中通常做不到这一点。当用户需求发生变化时，整个系统可能会发生巨大的改变。

（2）系统开发过程重复烦琐，开发周期长。结构化开发方法是在充分了解目标系统的需求后一次性地完成所有任务，这导致了系统的开发周期过长。同时，一旦设计中发现有需求发生变化或者产生新的需求，则会进一步增加系统的开发周期。

　　结构化分析与设计方法是一个从抽象到具体、从复杂到简单的过程，是一种较为传统和经典的系统设计方法。在坦克装甲车辆电子综合系统设计中，也会采用这种方法，而且主要是在需求与方案论证阶段以及方案设计阶段，用于系统功能自上而下的分析和分解，从而保证从系统到分系统再到每一个软/硬件构件都具有明确的功能定义，各个层级的功能集合能够覆盖坦克装甲车辆电子综合系统的所有功能。

　　以坦克装甲车辆电子综合系统功能作为研究对象的结构化设计方法如图 2 - 1 所示。在需求分析和方案论证阶段，一项重要的活动就是将坦克装甲车辆电子综合系统功能分解为子系统功能，从而对子系统进行定义。在方案设计阶段，在子系统功能分解的基础上，完成对设备/模块的功能定义，进而对设备/模块的功能进行解构，完成对软、硬件构件的功能定义。

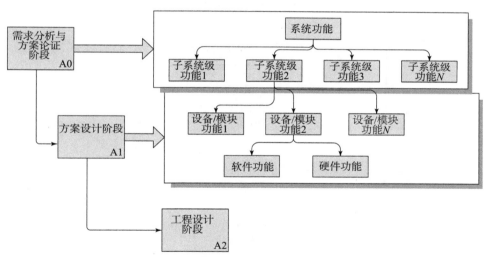

图 2 - 1　坦克装甲车辆电子综合系统功能的结构化设计方法

2. 原型法

　　原型法是计算机软件技术发展到一定阶段的产物（图 2 - 2）。其与结构化系统开发方法的区别在于：结构化系统开发方法强调系统开发早期需求的完备性以及开发每一阶段的严谨性；原型法不注重对坦克装甲车辆电子综合系统的全面、系统的详细调查与分析，而是本着系统开发人员对用户需求的理解，先快速实现一个原型系统，然后通过反复修改来完成系统的开发。所谓"原型"，在建筑学或机械设计学中指的是其结构、大小和功能都与某个物体相类似的模拟该物体的原始模型；在坦克装甲车辆电子综合系统中，它指的是一个结构简单但已具备系统的部分重要特性，可由开发人员与用户合作，直接在运行中不断修改不够成熟的原型，通过反复试验、验证与修改，最终开发出满足用户要求的坦克装甲车辆电子综合系统。因此，原型可用来确定用户的需求、验证设计的灵活性、训练最终用户以及创建成功的系统。

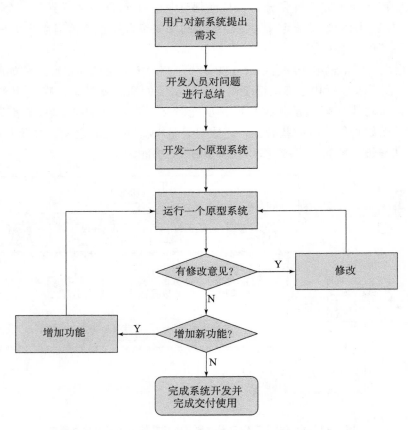

图 2 - 2　原型法

在运用原型法开发坦克装甲车辆电子综合系统时，开发人员首先要对用户提出的问题进行分析，并总结出用户基本需求，然后利用高级开发工具和开发环境，快速地实现一个原型系统并运行。开发人员和用户在反复试用原型的过程中要加强交流和反馈，从而进一步加深对系统的理解，确定用户需求的各种细节，逐步减少分析与交互过程中的误解，弥补遗漏，通过反复评价和不断改进逐渐完善系统的功能，直至用户完全满意为止。

原型法的突出优点是：

（1）系统开发初期只需提出其基本功能，系统功能的扩展与完善是在开发过程中逐步实现的，因此原型法比较容易实现不断变化的环境。

（2）对需求分析采用启发式动态定义，使得需求分析随原型逐步深入且不断提高，即使是模糊需求也会变得越来越清晰，这符合人们的认识规律，使系统开发易于成功。

原型法也有一些不足之处，主要体现在以下 3 个方面：

（1）在开发过程中缺乏对坦克装甲车辆电子综合系统全面、系统的认识，因此它不适合开发大型的坦克装甲车辆电子综合系统。

（2）每次反复过程都要花费人力和物力，如果用户合作不好，盲目纠错，就会延长开发过程。

（3）由于强调以"原型演进"代替完整的分析与设计，故系统文档不完备，系统也可能较难维护。

原型法近年来在坦克装甲车辆电子综合系统设计中也被广泛应用，最典型的是通过乘员舱的原型系统对需求与方案进行论证。根据用户的需求，搭建一个乘员舱原型，最简单的原型系统可以由驾驶员、车长、炮长的显控软件及数据激励软件构成；复杂的原型系统则包括了乘员舱舱体、乘员座椅、乘员显控装置、乘员操作面板等硬件部分及与软件部分的集成。

以最简单的乘员舱原型系统为例，通过 Qt、Altia 等界面设计工具，以所见即所得的方式快速地搭建驾驶员、车长、炮长 3 个席位的显控界面。显控界面是车辆向乘员提供功能的主要接口之一，因此可以利用对显控界面的操作快速地演示和论证乘员的任务。通过激励软件发送的数据，驾驶员可以利用驾驶员显控原型在无车辆实际运行环境的条件下演示、论证和测试车况查看、故障报警、"三防"灭火等功能；车长可以利用车长显控原型在无实际炮塔和通信系统运行的条件下演示、论证和测试指挥控制、态势、导航、威胁告警等功能；炮长可以利用炮长显控原型在无炮塔系统运行的条件下演示、论证和测试观瞄、火力打击、武器管理等功能。因此，用户通过对显控界面的操作不仅可以帮助设计部门尽快地论证功能要求，还可以通过乘员对操控的评价来优化乘员操作程序，进而提高人机交互的效率。

3. 模型驱动设计方法

一个复杂系统的开发实际上有两个抽象过程：①将待开发的业务化繁为简，用系统模型的方式表现出来，让业务人员与开发人员可以理解；②把计算相关的种种底层细节封装起来，上升为一种更高级的语言形式，这些语言形式更为严谨，语义更明确，逻辑更清晰。技术人员可以比较容易地理解和使用这些高级语言，用它们来反映系统的实体和流程信息，最后甚至可以将这些技术细节用可视化模型直观地表达出来。这两个抽象过程，在"模型"这个环节衔接在一起，因此模型应该成为系统开发者关注的中心。这个设计方法称为模型驱动设计方法，如图2-3所示。

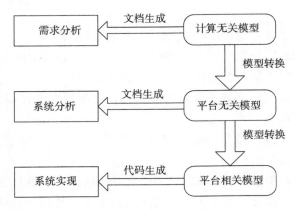

图2-3　模型驱动设计方法

模型驱动设计方法的主要思想包括模型分类、平台无关以及模型的转换和精化。模型驱动设计方法的本质是利用模型来引导系统的设计、开发和维护。模型驱动设计方法分离业务功能分析设计的制品与实现技术之间紧耦合的关系，从而最小化技术变化对系统的影响。这种途径最有意义的方面就是系统使用平台无关语言进行描述，使得它和具体的平台以及实现技术分离，同时可以根据各种具体平台的映射关系生成各种实现模型。目前，以基于模型的系统工程（Model Based System Engineering，MBSE）的方法论为基础，进行了坦克装甲车辆电子综合系统分析、设计及验证，以可视化的模型为手段，实现自上而下增量设计，自下而上集成验证，各层同步迭代验证的 V 模式设计过程。本书第 7 章将对该方法进行介绍。

2.1.3　设计流程

坦克装甲车辆电子综合系统总体设计流程分为 3 个阶段，分别为需求分析与方案论证阶段、方案设计阶段、工程设计阶段。需求分析与方案论证阶段主要通过需求分析分解车辆的能力需求，包括功能要求和性能要求等，同步各功能分系统开展方案的论证。方案设计阶段包括顶层设计和乘员操作程序设计，通过顶层设计（Top Level Design，TLD）对功能进行分解和分配，完成系统功能架构和功能接口的设计。通过乘员操作程序设计（Crew Operational Procedure，COP）实现以任务为中心，开展乘员显控资源的规划、人机界面设计以及乘员操控逻辑设计。在完成顶层设计和乘员操作程序设计以后，提出建立系统规范和验收测试规范的依据。工程设计阶段包括详细设计和接口控制文件设计。采用详细设计（Detailed Design，DD）和接口控制文件设计（Interface Control Document，ICD）详细分解各部件功能和信息接口要求，完成详细信息流设计以及数字接口和物理接口的设计。在完成坦克装甲车辆电子综合系统的总体设计以后，各功能分系统可以依照系统规范、接口控制文件等开展各系统/部件的设计和开发。子系统/部件设计方案完成后，即可以开展软、硬件的设计和开发。在完成软、硬件开发以后，即可以进行系统的集成和综合，从而完成验收测试和实车试验。

　　坦克装甲车辆电子综合系统总体设计流程如图 2 - 4 所示。

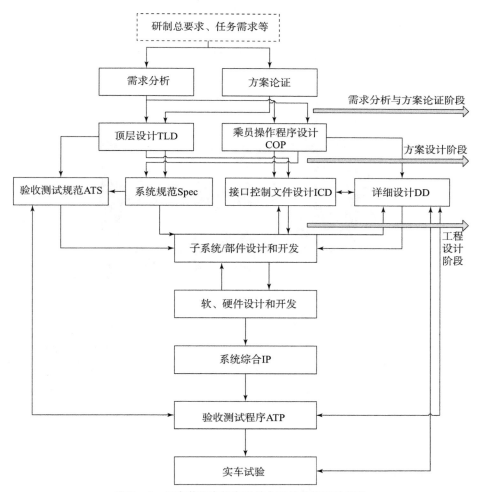

图 2 - 4　坦克装甲车辆电子综合系统总体设计流程

|2.2 需求分析与论证|

2.2.1 电子综合系统需求想定

2015年5月9日，在俄罗斯举行的纪念伟大卫国战争胜利70周年阅兵式上，"大舰队"系列重型履带车辆家族成了最大亮点，其中T-14"阿玛塔"新型主战坦克（图2-5）和T-15重型步兵战车是该家族中最重要的两名成员。新一代主战坦克T-14"阿玛塔"备受瞩目。俄罗斯军事专家穆拉霍夫斯基表示，"阿玛塔"拥有先进的模块设计，将人员与弹药彻底隔离，属世界首创。此外，"阿玛塔"还采用了新型125 mm坦克炮，它将成为主战坦克史上最强大的火炮。

图2-5 T-14"阿玛塔"新型主战坦克

据称，T-14"阿玛塔"新型主战坦克抛弃了传统的重装甲防护，采用无人遥控炮塔设计，强调主动防御，其人员集中在坦克前段位置的隔离舱，与位于坦克中段的弹药彻底隔离（图2-6）。"阿玛塔"重型步兵战车又称T-15重型步兵战车，以"阿玛塔"改进型平台底盘为基础建造而成，机动能力与坦克一样，因此伴随坦克作战的能力与以往的步兵战车相比要强得多。

军事专家对于"阿玛塔"坦克的电子系统相关的主要分析有：

（1）T-14、T-15的整体亮相，表明俄罗斯的设计包含了一个车族，其从系统设计上就考虑了多车指挥控制通信、数据链通信，以及任务在平台之间的协同、信息共享；该车族模块化、通用化的设计也大幅减少了设备、网络的

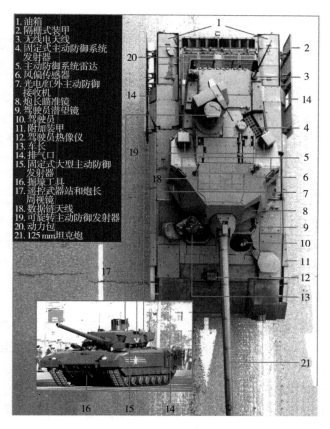

1. 油箱
2. 隔栅式装甲
3. 无线电天线
4. 固定式主动防御系统发射器
5. 主动防御系统雷达
6. 风偏传感器
7. 光电/红外主动防御接收机
8. 炮长瞄准镜
9. 驾驶员潜望镜
10. 驾驶员
11. 附加装甲
12. 驾驶员热像仪
13. 车长
14. 排气口
15. 固定式大型主动防御发射器
16. 掘壕工具
17. 遥控武器站和炮长周视镜
18. 数据链天线
19. 可旋转主动防御发射器
20. 动力包
21. 125 mm坦克炮

图2-6　T-14"阿玛塔"新型主战坦克部件的分析（来自观察者网）

种类，提高了测试、维修和保障的能力。

（2）采用无人炮塔设计，3 个乘员的席位都位于底盘炮塔前方，原有的武器控制、防护控制以及人机相关的信息都传输到了底盘。

（3）驾驶员实现闭窗驾驶，乘员可以接收 360°全景视角的视频，据此进行战场观察以及驾驶。

（4）炮塔新增了大量的传感器，包括激光告警、紫外告警、主动防御系统雷达等，可以实现对反坦克武器的近程主动拦截。

（5）武器系统使用了白光/热像/微光一体的炮长观瞄镜和遥控武器站。

除此之外，也有分析人员认为该坦克在一定程度上集成了态势融合、任务规划等任务系统的软件，可将指挥自动化、导航定位、数字化无线通信、电子对抗、火力打击、对空对地防御等功能融为一体，实现各武器平台和移动指挥所各指挥席位的互联互通，实时形成战场态势图，显示目标运动轨迹和火力打击效果，做到对所有目标坐标全程自动监控。

上述坦克装甲车辆电子综合系统需求分析中的某些内容可能已经是"原始军事需求"的初步分解。实际上，坦克装甲车辆作战的军事需求一般都围绕着侦察、机动、防护、打击等主要功能展开，并加以环境（如野外、城市等）、平台编配（最小系统、排、连、营）、多兵种配合协同（步坦协同、多车协同、有人－无人协同等）等约束。本节选取了其中几个较为典型的与坦克装甲车辆电子综合系统相关的需求，后续的设计也将围绕这几个方面展开。

2.2.2 需求分析与功能分解

初步的军事需求分解对于设计来说还比较初级，有些需求涉及多个平台，而有些需求涉及单个部件，目前还不能将这些能力需求或功能直接分配到具体的设计中去，因此较好的方法是提出一种层次关系来应对这些需求。

1. 系统层级划分

传统车辆电子系统的设计对象为一辆坦克或装甲车，再进一步切分到车内的子系统或设备；在综合式车辆电子系统设计中，倾向于将坦克装甲车辆电子综合系统映射为一个 6 级的层次结构，如图 2-7 所示。这个结构在处理架构问题方面十分有效，图中强调了硬件，但它包含了软件的功能属性，因此各层间的物理和功能/接口都应有明确说明。坦克装甲车辆电子综合系统层级结构自上而下分别是体系架构、作战单元、综合电子系统、功能域、软/硬件模块及软/硬件组件。

1）体系架构

体系架构层是现代坦克装甲车辆电子综合系统中新引入的层级。它考虑的是作战系统之间的组网、协同和应用模式。单一的战斗平台被看作整个体系架构中的元素，可以与其他元素在平台之上的层次进行信息交换。信息交换的接口主要包括数据链、自组网、卫星通信以及传统的短波/超短波信道等。这一层级的设计响应的就是关于体系的需求，交付的设计物将包含多个具有不同作战功能的平台、任务协同的方案和接口等，这就有效地摆脱了交付产品单一而导致组网和协同无法有效验证的缺点。

2）作战单元

平台包括具有多种能力和形态的坦克、装甲车、无人机、无人车以及单兵装备等，甚至还可以扩展到维修保障车、架桥车、通信雷达车等。坦克装甲车辆作为战斗任务的重要节点之一，与其他平台通过网络交互信息，协同操作，

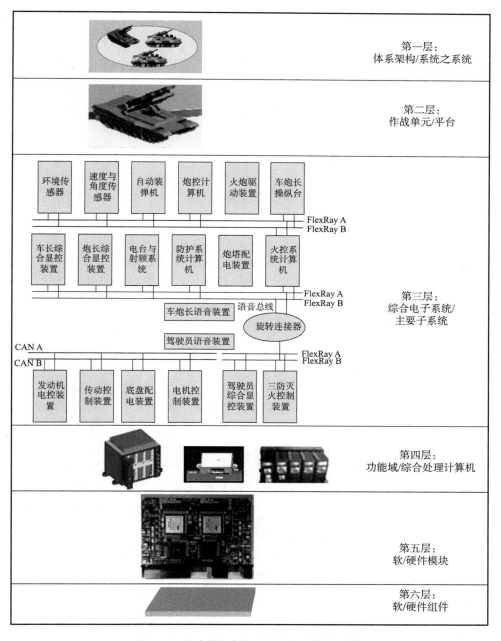

图 2-7　坦克装甲车辆电子综合系统层级结构

完成作战使命。这一层的设计响应的是关于单平台火力、防护和信息力的
需求。

3）综合电子系统

以本书关注的坦克装甲车辆电子综合系统为例，综合电子系统是坦克装甲车辆关键子系统之一。它以计算机、总线网络和人机交互设备为主要组成部件，实现系统信息互联，负责完成坦克装甲车辆的信息采集、处理、分配、存储、传输、显示，从而实现坦克装甲车辆的机动控制、态势感知、通信导航等一系列功能。类似的主要子系统还有推进系统、机电系统、防护系统、武器系统等。其中，坦克装甲车辆电子综合系统的设计响应的是信息相关的任务实现指标性需求，如需要具备360°周视的采集、传输和实时显示的能力。

4）功能域

在传统意义上一般采用功能区或物理功能区的概念，如动力舱采集区、乘员舱显示、控制综合区或"三防"灭火闭环控制系统等，它是主要子系统进一步细分的产物。在现代坦克装甲车辆综合化设计中，采用逻辑划分功能域的形式替换了物理域的形式，功能域可分为（任务）信息综合处理域、综合显控域、综合传感域以及与控制系统相关的武器域、防护域、推进域、电气域等，这些功能域不必都在同一个物理功能区中。

5）软/硬件模块

软/硬件模块是构成功能域或子系统的具有特定功能的硬件模块或软件包。它可以是一个处理机架，或是机架中的一个处理模块，或是处理模块中的一个应用软件包。在现代坦克装甲车辆电子综合系统中，往往要求硬件模块具备综合化、通用化、标准化的能力，要求软件包具备架构可复用、软件分层合理，具备任务隔离和一定的实时性。这一层响应的一般不是军事相关需求，而是技术先进性、可靠性、电磁兼容性等。

6）软/硬件组件

软/硬件组件是构成硬件模块和软件包的基本单元。硬件包括处理器、芯片、现场可编程逻辑门阵列（FPGA）等；软件包括软件构件、中间件、驱动程序等，采用超高速集成电路和构件化的编程技术，支持实现系统功能。这一层响应的不是作战需求，而主要是硬件和软件的采购研发成本、工作稳定性、工作温度范围、软件的架构、运行效率和资源占用情况等。

图2-8将前文对T-14坦克的原始军事需求进行了初步的梳理，给出的例子将基本的需求与系统层级划分进行了关联。不难看出，在这6层划分中，越是贴近顶层的需求越和作战相关，越是贴近底层的需求越和技术相关。将需求与不同的系统层级进行对应的优点在于，可以比较完整、少遗漏地综合考虑所需研制的坦克装甲车辆的需求，可以较好地明确每个层次需要考虑的问题和实现的内容。

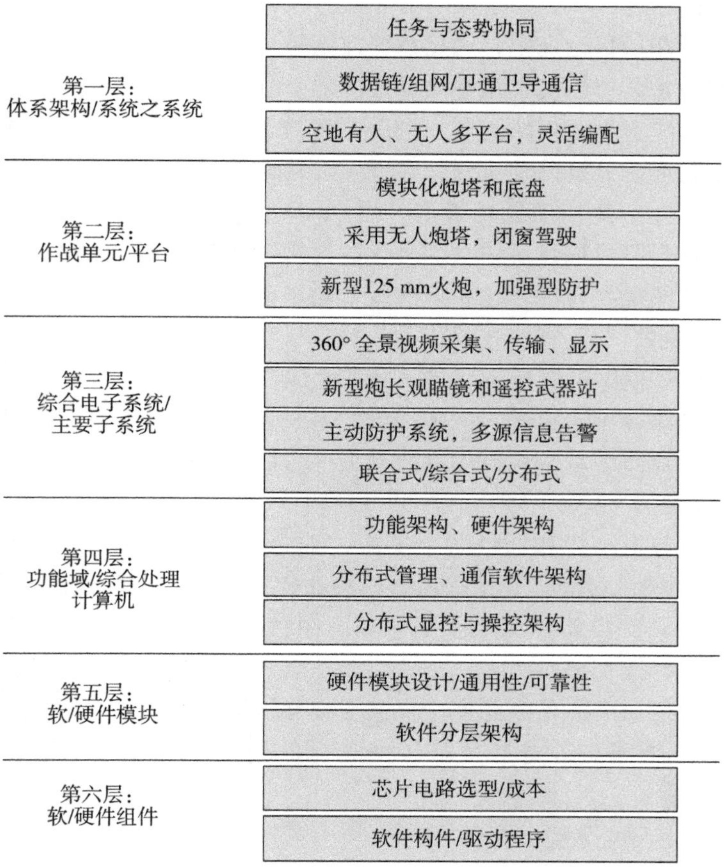

第一层： 体系架构/系统之系统	任务与态势协同
	数据链/组网/卫通卫导通信
	空地有人、无人多平台，灵活编配

第二层： 作战单元/平台	模块化炮塔和底盘
	采用无人炮塔，闭窗驾驶
	新型125 mm火炮，加强型防护

第三层： 综合电子系统/ 主要子系统	360° 全景视频采集、传输、显示
	新型炮长观瞄镜和遥控武器站
	主动防护系统，多源信息告警
	联合式/综合式/分布式

第四层： 功能域/综合处理 计算机	功能架构、硬件架构
	分布式管理、通信软件架构
	分布式显控与操控架构

| 第五层：
软/硬件模块 | 硬件模块设计/通用性/可靠性 |
| | 软件分层架构 |

| 第六层：
软/硬件组件 | 芯片电路选型/成本 |
| | 软件构件/驱动程序 |

图 2-8　按系统层级划分的需求关联

2. 坦克装甲车辆电子综合系统需求分析

尽管按 6 层的划分能够较好地梳理坦克装甲车辆的所有功能需求，但是最终所有的需求都是由具体的底层技术实现的，因此必须开展进一步细化的需求分析。系统需求分析是在作战使用需求形成的基础上，进一步分析形成的系统功能需求，是系统工程研制过程中的重要活动，主要致力于对系统设计所需相关信息进行完整性、一致性的确定和定量分析，建立具有完整的、一致的和明确分类的系统需求，以避免系统研制后期的重复设计，从而降低成本。

系统需求分析过程的目的是检查、评估和平衡所有用户的不同需求，以及将这些需求转换成满足用户需求的系统里面的一项功能的技术方法和途径，该方法可以用相关规范、图表或其他方式来表示。

在需求管理过程中，通过对市场信息的理解和验证，形成归一化、条目化的用户需求。在项目论证中，通过系统方案将用户需求转化为系统需求，形成对系统及其设备具体功能和指标的描述。随着项目研制的深入，再将系统需求分解到各个模块，形成模块需求，之后再将需求分解到组件需求。通过逐级分解，逐步细化需求分解分配过程，实现系统的设计过程。

本节简单介绍使用质量功能展开（Quality Function Deployment，QFD）的方法对系统进行需求描述。结合综合化的思想，将前面分析的坦克装甲车辆电子综合系统的需求联合综合化系统的技术需求分解为基本的能力。

1）基本要求

坦克装甲车辆电子综合系统是一个高度综合化的开放式系统。它在整个任务过程中担负着多平台协同、任务规划、系统管理、车辆控制、人机交互等多重任务，是坦克装甲车辆执行和完成作战任务的重要系统。

2）指挥通信

指挥通信包括指挥和通信两个层次，其中通信位于下层，指挥位于上层（应用层）。在技术层面上，指挥通信的关注点主要是指车际通信和车内通信。车际通信主要依靠自组网、短波电台与超短波电台，与战场其他节点完成通信，并具备综合运用多种数据链的能力，能与其他车辆作战平台，卫星、地面指挥控制中心等单元和信息源完成信息交换和协同，使坦克装甲车辆成为作战体系网络的一个节点，支持多军兵种联合作战；车内通信主要依靠乘员通话盒。

3）综合化人机交互

采用高人机功效的一体化座舱显示布局，实现智能化的座舱显示控制和管理。人机交互包括接收驾驶员、车长、炮长的操控指令；将信息以合理的布局和形式进行处理并提供给乘员，具有语音控制功能和驾驶员辅助决策能力。

4）一体化定位导航

定位导航主要是利用组合惯导、北斗或 GPS 卫星确定坦克装甲车辆当前所处的位置以及导航参数，导引车辆按照既定的路线行进，确定目标的相对位置等，也为任务协同提供辅助的时钟和定位信息。

5）多传感器信息处理与融合

这里指的多传感器信息主要包括数据量较大、与任务相关度较高的射频和光电等，专用于武器控制、推进等系统的温度、压强等传感器不在此列。多传感器信息融合包括将多个视频传感器的图像进行 360°拼接成像，将多个射频频段的通信信息进行融合，将多个探测雷达的目标信息进行融合计算等。

6）武器与防护控制

提供与武器控制及状态相关的操作部件和显示界面，包括目标搜索、目标选择、测距、观瞄等；提供与综合防护、主动拦截、"三防"灭火等相关控制及状态相关的操作部件和显示界面，包括多源告警界面、烟幕弹、拦截弹保险装置等。

7）底盘推进、电气控制

提供与推进、电气控制及其状态相关的操作和显示界面，包括发动机、传动、制动、电池组、发电机、电动机和分布在多个舱位中的采集驱动装置。

8）系统容错与重构

具备系统冗余、系统容错和重构能力，能够进行故障的快速检测与隔离。

9）任务保障和系统维护

能实现作战任务数据的快速加载和卸载，以及对大容量数据的快速处理和分析，具备坦克装甲车辆电子综合系统的故障管理能力，能实时监控、记录、传送状态信息。

10）模块化

坦克装甲车辆电子综合系统由标准化的外场可更换模块（Line Replaceable Module，LRM）组成，模块的种类和数量可控。LRM 是在系统安装结构上和功能上相对独立的单元，故障定位可以达到 LRM 级，通过 LRM 的方式排除故障，实现二级维护。

11）开放性和标准化

坦克装甲车辆电子综合系统采用开放式的系统架构，系统的硬件和软件可以基本上不做修改就可以实现在不同系统之间的移植，系统有较强的升级能力，能够支持因电子技术迅速发展而引起的电子产品快速的升级换代。

开放式架构的核心是标准化，系统的硬件和软件遵循公开的标准进行设计和研制开发。

12）COTS 应用

采用成熟的商用货架技术（Commercial On the Shelf，COTS），可以大幅缩短开发周期并降低成本，同时提高成熟度和可靠性。

利用质量功能展开方法可对坦克装甲车辆的战术技术指标和技术特性之间的关系度进行量化分析，筛选出满足设计要求贡献度最大的技术特征和技术措施。

表 2 - 1 给出了从技术需求到技术措施的一种 QFD 表，其中需求列来自前文的描述，能力与约束来自本节，每一项的分值按照最小到最大，即 0 ~ 10 分给出，技术措施重要度的计算方法为重要度乘以各个子项的和。

表 2-1　坦克装甲车辆电子综合系统质量功能展开

能力与约束　　需求	重要度	指挥通信	综合化人机交互	一体化定位导航	多传感器信息处理与融合	武器与防护控制	底盘推进电气控制	系统容错与重构	任务保障和系统维护	模块化	开放性和标准化	COTS应用
任务与态势协同	7	8	8	8	8	6		8	8		8	
空地有人、无人多平台	7	8		8	8			8		9	9	
模块化炮塔和底盘	4					8	8			9	8	
无人炮塔，闭窗驾驶	4		8					8		8	8	
新型 125 mm 火炮	5					8						
加强型防护	5					8						
协同作战	7	8	7	9	8			9		7	8	
360°全景	4		8		8		6				8	6
新型炮长观瞄镜	3		8		8							
主动防护系统	5				9	8						
多源信息告警	6	8			9						8	
通用质量特性	4		8			6	9		9	4	3	8
低成本	3						7		8			9
人机功效	5	8	8			5		9				
技术措施重要度		280	385	175	406	343	210	294	175	259	420	161
重要度排序		6	3	9	2	4	8	5	9	7	1	10

　　从 QFD 表中可见，坦克装甲车辆电子综合系统的需求与主要的能力技术特性密切相关。为满足坦克装甲车辆的总体指标，坦克装甲车辆电子综合系统必须采取下列主要技术措施，并按照优先级进行排列：

　　（1）先进系统架构、统一互连、综合处理计算机（也可称为核心处理计算机或核心机）集中处理。

　　（2）多传感器综合。

　　（3）综合化的人机交互。

（4）先进的武器和防护系统升级。

（5）系统容错与重构。

（6）模块化设计，通用底盘、通用炮塔。

（7）底盘推进、电气控制。

（8）任务保障和系统维护，一体化定位导航。

（9）COTS 应用。

实际上，表 2-1 的评分系统随着时代和应用的不同往往会得出差别较大的结果，同时也具有一定的主观性。但是可以看见的一种趋势是，依靠传统高功率、加强装甲、大口径火炮和大威力弹药的发展模式已经一去不复返。随着作战的需求增多，坦克装甲车辆单平台的功能增多需要依靠综合化设计，面向多平台协同作战的坦克装甲车辆电子综合系统设计正变得越来越重要。

3. 功能分解

QFD 可以对坦克装甲车辆电子综合系统的设计要求进行分析并得出各种技术措施的重要程度排序。从 QFD 出发，可以将需求再次进行逐步细化，直到进行软件和硬件的设计。

如图 2-9 所示，坦克装甲车辆电子综合系统需求分析包含两个层次：第

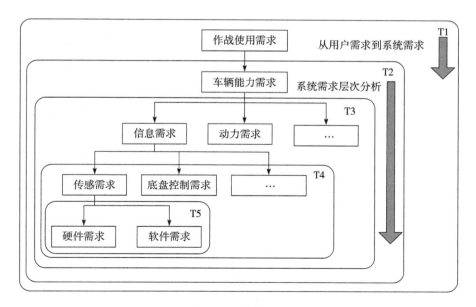

图 2-9　需求分析

一层次是把任务需求分解并转化为系统需求。在方案论证阶段，用户下发的研制总要求、任务需求等相关文件是从作战使用的角度对车辆提出的能力要求，总体设计人员将用户的需求进行转化，形成可以指导设计的系统需求。第二层次是要在作战使用需求分析的基础上，将一个顶层的需求分解成更加详细的底层需求。在方案论证阶段，主要是将其分解到系统功能的级别，并随着设计活动的开展进行不断的迭代和细化，形成对子系统/设备、软硬件等的功能要求。通过对系统的逐层分析和设计来细化完善系统功能需求，保证每一条需求均满足正确性、完整性、可测试性以及可追溯性的特征，以保证后续的系统架构、功能设计可以完全覆盖、满足顶层需求。

以用户的"驾驶员需闭窗驾驶"的显示需求为例（图 2 – 10），从 T1 到 T2、T3 的过程，就是将用户的需求转变为供设计和实现的车辆能力需求；从 T3 到 T4、T5 的过程，就是将坦克装甲车辆电子综合系统的"周视视频的实时显示"需求转化为对动力传动控制系统的要求，继而转化为相关软/硬件的要求。

功能分解的目的是在系统级功能被定义的条件下，逐级分解功能，直至定义出功能子系统，以及功能子系统之间的交联关系。功能分解是一个自上而下逐步细化的过程，同时是一个反复迭代的过程，如图 2 – 11 所示。

功能分解的原则：

（1）自上而下分解，下一级比上一级更详细、更具体。

（2）一致性原则：同一级或同一层次的功能描述得同样详细、同样具体。

（3）解耦原则：允许一种或几种功能在一个模块或设备内，不允许把一种功能分解到两个或两个以上的模块或设备内。

（4）同一级功能最好不要超过 7 种。

（5）在需求分析阶段，坦克装甲车辆电子综合系统功能一般分解第二个层次，最多不超过第三个层次。

以本书 2.2 节为例（先入为主地给出了子系统的概念），其功能再分解如表 2 – 2 所示。

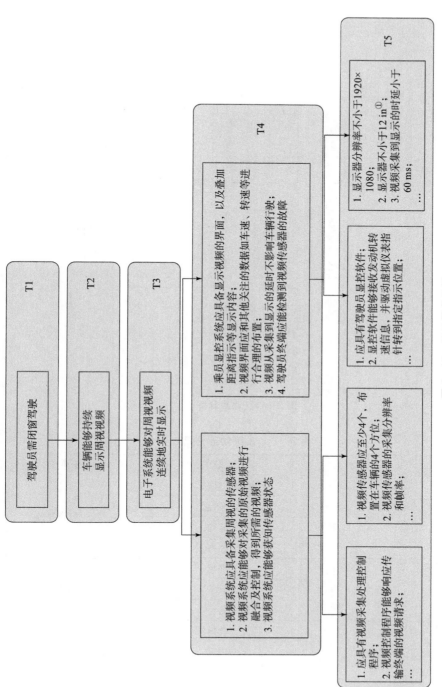

图 2 - 10　显示需求分析

① 1 in=2.54 cm。

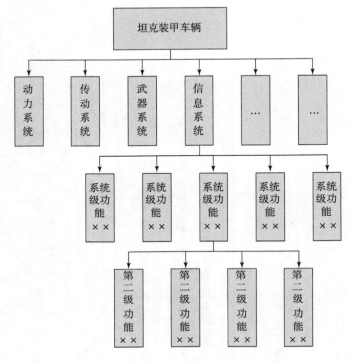

图 2-11　功能分解

表 2-2　系统功能分解

序号	系统级功能	第二级功能	所属子系统
1	人机交互	驾驶员显控	乘员舱/综合显控
		车长显控	
		炮长显控	
		视频控制	
2	武器控制	武器操控	武器控制
		信息显示	
		观瞄测距	
3	指挥通信	短波、超短波	通信系统/综合射频
		车内通信	
		组网、数据链	

续表

序号	系统级功能	第二级功能	所属子系统
4	推进控制	信息采集与显示	推进系统
		行驶控制	
		转向控制	
		…	
5	防护控制	"三防"灭火控制	防护控制/综合射频
		多源信息告警	
		主动防护操控	
6	电气控制	低压配电	电气系统
		高压配电	
		能量管理	
7	定位导航	定位	定位导航/信息综合处理
		导航	
8	任务综合处理	任务规划	信息综合处理
		态势处理与融合	
		辅助决策	
		系统管理	

近年来，一些基于模型的系统工程（Model Based System Engineering，MB-SE）方法也被用于系统的需求分析、顶层设计和详细设计中。

2.3 逻辑架构设计

传统的坦克装甲车辆电子综合系统设计完成从需求分析到系统部件技术的分解后，往往就可以依靠经验和当时较为成熟的技术直接转入子系统和物理架构的设计。若采用本书描述的综合化设计方法进行设计，那么在物理设计前需要引入一层逻辑架构设计，即功能域设计。

2.3.1 功能域的特征与界定

从逻辑层面构建一体化信息架构的优点在于，以功能域的方式对系统逻辑层的功能性进行表示，从而将总体信息设计过程从逻辑层面和物理层面进行分离，通过划分功能域实现功能归类、分层与解耦。

功能域由一组功能相关的子系统和软件组成，包括物理和逻辑的层面。功能域的功能集中在特定的专业领域，并为其提供基本的应用和服务，域之间采用松耦合方式通过数据和服务进行交互。"域"具有以下特点：

（1）域是系统中的第一层分解。

（2）域为系统和软件的设计提供了一个基本架构。

（3）域与域之间应当解耦。

（4）域的划分应明确以综合验证阶段的系统构建方式进行。

多个功能域可以组成功能域系统。功能域系统由通用的模块（包含软件、硬件和网络等）组成，如图2-12所示。

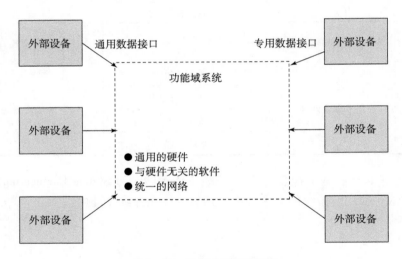

图2-12　功能域系统的结构

由于坦克装甲车辆的复杂性，到目前为止，依然无法将所有的功能完全纳入功能域系统内部，功能域系统需要与外部专用设备进行接口的适配。

因此，需要考虑的一个问题是，如何界定功能域系统的边界，即哪些功能应纳入功能域系统，哪些功能应保留在边界之外。在实际中，该问题没有确定性的答案，功能域系统的边界会随着功能域本身的功能以及不同的项目而改变。将功能域系统内进一步打开，就得到了功能域系统、功能域以及外部设备之间的关系，如图2-13所示。

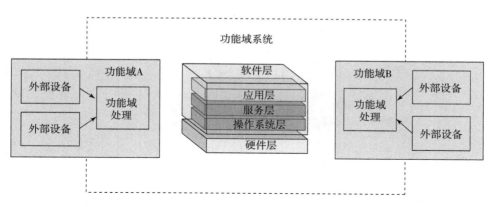

图 2 – 13　功能域形态

坦克装甲车辆的各个功能域组成一个功能域系统。该系统运行于一个或多个通用的计算处理单元中，包括：

1. 硬件层

硬件层主要为功能域提供部署和运行的物理条件，如软件运行环境、总线接口等。

2. 软件层

软件层又分为操作系统层、服务层和应用层 3 个层次。

（1）系统层，为上层软件提供标准的设备访问接口和多任务支持等基本操作系统服务，通过硬件适配模块使用硬件平台所提供的硬件芯片寄存器编程接口，是软件系统与硬件设备间信息交互的桥梁。

（2）服务层，为应用层软件提供运行、调度管理与通信环境，向应用层软件提供共性应用基础服务，向下调用系统层提供的设备访问接口。

（3）应用层，在嵌入式平台基础上，针对具体应用需求开发功能应用软件，向下调用服务层提供的服务接口。应用层软件之间没有直接联系，通过其他两层（甚至硬件层）进行信息交互，从而降低耦合性。

2.3.2　坦克装甲车辆电子综合系统功能域划分

在本书中，如图 2 – 14 所示，将坦克装甲车辆电子综合系统（可对应于前一节描述的功能域系统）从逻辑上分为 7 个功能域，且各功能域相对独立，通过统一网络进行连接并共享信息，通过一体化设计的软件系统实现逻辑层面的综合与功能集成。

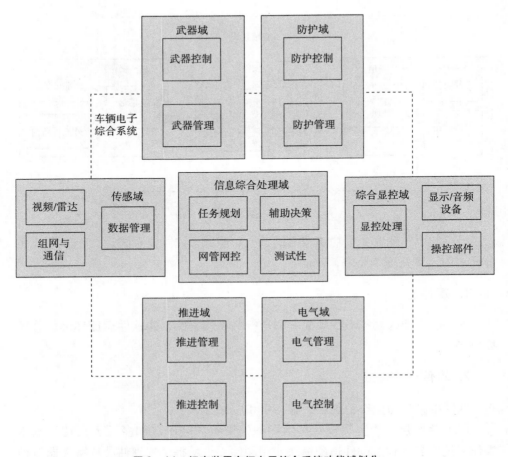

图 2-14　坦克装甲车辆电子综合系统功能域划分

1. 传感域

　　传感域提供所有车载外部传感器感知和信号处理功能，以及传感器的配置和协同工作能力。对于外部环境来说，自组网和数据链作为信息中介，在通信设备的支持下将任务系统的相关数据与外部协同平台进行交互。传感域可包含雷达、敌我识别、毫米波告警、激光告警、360°感知、驾驶辅助视频等传感器以及综合处理计算机中的相关处理和管理软件。

　　传感域在坦克装甲车辆电子综合系统中的对应模块是数据管理，主要负责状态以及对下属各个传感器的管控，视频/雷达以及组网与通信等外部设备通过统一网络接入坦克装甲车辆电子综合系统中。

2. 信息综合处理域

信息综合处理域完成车辆任务信息的集中综合处理。它将会融合其他平台和自身平台感知到的战场信息、上级下发的指挥信息和态势信息，以及车辆自身各个系统的状态，形成并不断更新战场态势并支持按优先级不断列出当前所需执行的任务列表，供乘员参考或执行。

可见，信息综合处理域不需要与外部设备进行直接交互，其边界完全纳入坦克装甲车辆电子综合系统中。

3. 综合显控域

综合显控域通过乘员显控屏完成人机交互功能，一方面将系统信息以光学或声音的形式输出给乘员；另一方面，获取乘员的各类操作信息（触屏、周边键、语音等）并转换为系统事件，调用系统其他域作出相应的响应。

综合显控域分为两部分：一部分是运行在坦克装甲车辆电子综合系统中的显控处理模块，包括显示界面程序等；另一部分是外部输入/输出设备，通过专用数据接口接入坦克装甲车辆电子综合系统的综合显控域。

4. 武器域

武器域提供对所有车载武器相关的设备，以及武器控制设备状态的控制和接口，如武器选择、状态监控、参数装定、击发控制等。武器域是武器系统在坦克装甲车辆电子综合系统中的映射，它不负责武器的实时闭环控制，但是武器域可以提供完整的人机操作支持，以及将其他功能域的信息无缝地传送给武器系统。例如，信息综合处理域处理得到的目标打击信息可通过武器域转发给武器系统以完成信息的装定。

5. 防护域

防护域提供对所有车载防护设备的管理控制，包括多源信息告警、主动拦截、烟幕弹与榴霰弹发射、"三防"灭火等。类似武器域，防护域不负责防护部件的实时闭环控制，但是防护域可以提供完整的人机操作支持，并将其他功能域的信息无缝地传送给防护系统。

6. 电气域

电气域提供对所有车载电源供电设备的管理和控制，包括低压配电、高压配电、电池/电容、发电的管理与控制等，电气设备、配电支路不纳入该域中。

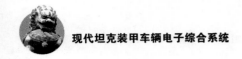
运行在坦克装甲车辆电子综合系统中的电气域模块为电气管理，它负责状态的上报，以及接收其他功能域的配电指令并下发给相关的设备。例如，乘员通过显控界面操作配电开关。

7. 推进域

推进域提供对车辆推进系统的管理和控制，包括起动车辆、停止车辆、监控车辆状态等，发动机、传动和制动等设备不纳入该域中。

运行在坦克装甲车辆电子综合系统中的推进域模块为推进管理，它负责状态的上报，以及接收其他功能域的指令并下发给相关的设备。例如，乘员通过显控界面操作停车。

通过逻辑域的设计，可以抛开先入为主的物理子系统的概念，而是在逻辑概念上将信息分为获取（感知）、处理、显示和控制 4 个步骤，这样就实现了物理上的综合。以信息获取为例，传感域是信息获取的综合，传感域中包括了武器、防护、通信、显控等子系统的传感器、视频、告警设备等。这些传统上属于不同子系统的设备部件划分在同一个逻辑域中进行设计，便形成了综合的概念。

|2.4 物理架构设计|

物理架构对应的是坦克装甲车辆上的实际子系统。物理架构中最重要的是信息的互联，也是前文逻辑域设计中所未涉及的信息传输的内容。坦克装甲车辆电子综合系统的物理架构是由总线或网络连接而成的系统连接关系。

2.4.1 概述

物理架构的分类方法有很多，按照系统综合化程度可分为以下几类。

1. 分立式的系统构型

在分立式系统构型中（图 2 - 15），各个功能的子系统都具有从传感器、信号采集、处理直至显示和控制的一套完整和独立的系统功能设备，设备间采用点对点的传输方式。在这样的系统中，每个子系统都必须依赖乘员的操作，乘员不断从各个子系统接收信息，保持对各个系统及外界态势的了解。

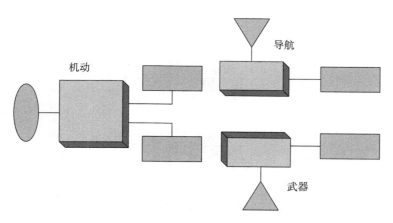

图 2 - 15　分立式系统构型

　　分立式系统构型，资源不能共享，布线多，质量重，连接点多，可靠性差。现在坦克装甲车辆上一般不采用这种构型方式。

2. 联合式系统构型

　　联合式系统构型是各子系统之间以数据传输总线方式相互连接构成分布式计算机网络，实现子系统级信息资源共享。对整车而言，一般可分为局部综合、部分综合系统和全部综合的高度综合系统。因选用的传输总线标准不同，又可分为时分制串行总线和并行总线网络。因总线数量和配置不同，又分为单总线、双总线、多总线和多层次总线等系统。

　　如图 2 - 16 所示，联合式系统构型采用标准的多路传输数据总线互联的方式，实现信息共享，简化设备的连接，显示和控制的信息通过数据总线与各子系统进行交换，且在车辆显示和控制的终端进行综合。

　　当前，部分坦克装甲车辆采用的是联合式系统构型。它主要适用于电子设备较少、结构较简单的车辆。

　　图 2 - 16 所示的联合式系统构型有 3 个特点：

　　（1）采用了两条传输总线，FlexRay 主要负责炮塔部分，完成任务数据的实时传输与控制；CAN 总线主要负责底盘部分，完成行驶等的实时传输与控制。

　　（2）完成了乘员的显控综合。驾驶员、车长、炮长不再面向多个显示设备和控制设备，而是通过对信息有效综合的优化显示，分别在一台终端、操控面板上进行显示、控制和操作。

　　（3）对信息的集中处理和综合化程度有限，各子系统仍然使用专用的硬件和软件资源，综合化程度较低。

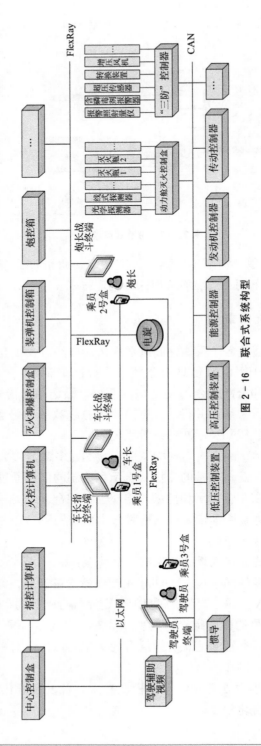

图 2-16 联合式系统构型

3. 综合式/分布综合式系统构型

随着微电子技术、计算机技术的发展，单台计算机的功能越来越强大，使坦克装甲车辆电子综合系统的综合技术进一步发展，已经开始采用以综合处理计算机为中心的总线网络，实现了信息共享，处理机软、硬件资源共享，面向机动控制、任务管理、指挥控制等的高度综合系统结构。

综合式/分布综合式系统构型借鉴了航空电子中的 IMA（Integrated Modular Avionics，综合模块化航空电子系统）和 DIMA（Distributed IMA，分布集成模块化航空电子设备）的设计思想，其中的综合处理计算机内的处理模块可以借鉴 ARINC653 软件标准体系或 ASAAC 软硬件标准体系。图 2 – 17 中炮塔和底盘均采用了综合处理计算机的设计。

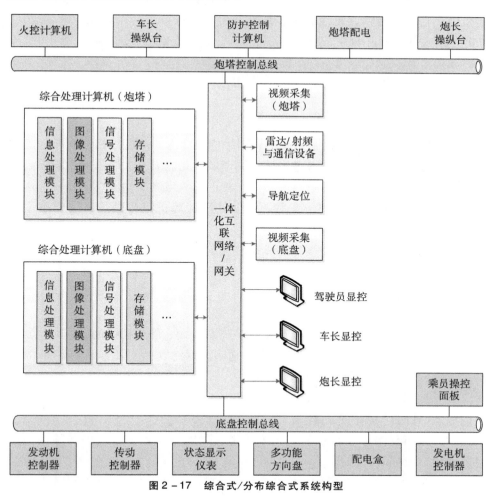

图 2 – 17　综合式/分布综合式系统构型

如图 2 – 17 所示，车内总线系统由底盘控制总线和炮塔控制总线的双层冗余结构组成。综合处理系统采用一体化的高带宽任务网络实现车辆指挥、系统管理、乘员任务处理、定位导航等数据信息的传输需求。炮塔综合处理计算机与底盘综合处理计算机同时挂接系统高带宽任务网络和相应的控制总线，完成传感器的信息处理和系统任务管理功能，将若干子系统或节点的信息处理功能综合起来，同时也综合了乘员接口功能，显著减少了坦克装甲车辆电子综合系统的处理资源。

对比图 2 – 16 和图 2 – 17 可以看出，综合式系统构型与联合式系统构型的显著不同是采用了统一的高带宽网络将车辆的各子系统进行了互联。在联合式系统构型中，信息采集仍然独立地分布在前端各个装置中，以车长终端为例，信息显示需要 2 个终端分别显示任务指控界面和战斗显控界面。在综合式系统构型中，将雷达射频、无线通信、毫米波告警等进行综合一体化设计，驾驶、360°全景视频采集也不再一对一地接入乘员终端而是通过网络传输，因此可支持多终端共享。

目前，新一代的坦克装甲车辆多采用联合式或综合式的系统构型。

2.4.2　统一网络设计

在坦克装甲车辆电子综合系统中，网络的设计与其他设计相对而言较为独立，其最终目标是满足系统各逻辑域、物理域的功能需求。按照上述所提到的约束，支持：

（1）先进系统架构、统一互联、综合处理计算机集中处理。需要采用先进的网络设计，将所有部件和系统连接。

（2）多传感器综合。需要网络承载较大的带宽。

（3）综合化的人机交互。需要显控终端采用较大分辨率的屏幕，与其他设备交互的信息多。

（4）先进的武器和防护系统升级。

（5）系统容错与重构。需要网络具备任意接入、任意插拔的功能。

（6）模块化设计，通用底盘、通用炮塔。网络支持自适应、自相似的结构，整体网络和部分网络都可运行。

（7）底盘推进、电气控制。该条目和（4）表明网络应具有接入其他分系统的信息，同时操控信息的传输以满足实时性要求。

（8）任务保障和系统维护，一体化定位导航。需要传输维护保障相关信息，支持定位和时钟同步。

（9）COTS 应用。使用标准化、具有广泛市场应用基础或前景的网络技术。

1. 网络传输需求

1）视频传输需求

根据前面对需求的分析，在坦克装甲车辆电子综合系统中同时需要传输的视频至少包括 3 种：一是供车长进行战场观察、搜索目标和超越射击的 360°观察视频；二是供炮长进行观察目标和打击的 360°观瞄视频；三是供驾驶员驾驶车辆的驾驶视频。其格式、系统延时需求列入表 2 - 3 中，其中系统延时是指从视频采集到视频显示的时间。

表 2 - 3　视频传输格式

序号	视频源名称	格式	数据率/（Gb·s^{-1}）	系统延时	功能描述
1	360°观察视频	1920 × 1080，30 帧/s	1.5	< 60 ms	用于观察战场
2	360°观瞄视频	1920 × 1080，30 帧/s	1.5	< 60 ms	用于观瞄
3	驾驶视频	1920 × 1080，30 帧/s	1.5	< 60 ms	用于车辆驾驶

需要强调的是，坦克装甲车辆电子综合系统中只考虑在统一网络上同时传输的视频及其最大的数据率、延时等，实际车辆上的视频数量可能比表 2 - 3 列出的更多。例如，驾驶视频又可分为前视白光、前视热像、后视白光、后视热像等，但是在本书描述的系统中，在任意时刻，仅有一路驾驶视频会传输到驾驶员的屏幕上。

2）通信、射频传输需求

通信、射频传输包括数据链、雷达、射频告警和卫星通信等数据的发送和接收，如表 2 - 4 所示。

表 2 - 4　通信、射频传输格式

序号	功能名称	数据率/（Mb·s^{-1}）	功能描述
1	多源信息告警	5	用于综合防护
2	短波及超短波通信	2	用于指控通信
3	卫星通信	10	用于指控通信

3）设备间的数据、控制、状态以及网关传输需求

这部分信息包括显控终端的操控按键指令、支持显控界面的数据信息、信息处理过程中中间信息的传输、各个设备的状态和数据，以及统一网络与其他控制网络的网间交互信息等（表 2 - 5）。

表 2 – 5 数据、控制、状态以及网关传输格式

序号	视频源名称	数据率/(Mb·s^{-1})	功能描述
1	显控数据	5（终端）	用于界面生成，与显控终端数量成正比
2	显控操控	1（终端）	用于识别乘员的控制，与显控终端、操控设备数量成正比
3	中间处理数据	2（设备）	各个设备的中间处理数据，与设备数量成正比
4	设备状态数据	1（设备）	各个设备的运行过程状态数据，与设备数量成正比
5	网间数据传输	10（总线）	网关交互的数据，与网关连接的总线数量成正比

2. 网络选型

网络传输是坦克装甲车辆电子综合系统内部信息交互的方式，是双方实体完成通信或服务所必须遵循的规则和约定。目前，在坦克装甲车辆电子综合系统中，主流的总线或网络主要包括以太网、InfiniBand、PCI Express、Serial RapidIO 等；在坦克装甲车辆电子综合系统中，主要包括实时以太网（Real-time Ethernet，RTE）、光纤通道（Fiber Channel，FC）、CAN 总线、1553B 和 FlexRay 等总线或网络。车载通信网络根据传输数据类型和特点的不同，可分为控制网络和数据网络，其中控制网络主要传输时间、事件触发型信息，数据网络主要传输高带宽的信息。表 2 – 6 给出了这些网络的特征描述。

表 2 – 6 车内传输总线对比

序号	名称	类别	适用场合	传输信息类型	带宽	应用情况
1	1553B	外部总线	实时性高的系统	火控系统控制	1 Mb/s	M1A2、"豹"Ⅱ等坦克
2	MIC	外部总线	实时性较高的系统	底盘电气系统控制、数据	1.33 Mb/s	M1A2、"豹"Ⅱ等坦克
3	CAN	外部总线	实时性较低的系统	底盘系统的控制和数据	1 Mb/s	轮式装甲车
4	LIN	外部总线	少量节点组成的子网	车身系统的控制	20 kb/s	轮式装甲车
5	FlexRay	外部总线	实时性高的系统	控制及数据	10 Mb/s	新一代坦克装甲车
6	RTE	外部交换	大容量、具备一定实时性的系统	大容量数据	1～10 Gb/s	航空领域

续表

序号	名称	类别	适用场合	传输信息类型	带宽	应用情况
7	FC	外部交换	大容量、具备一定实时性的系统	大容量数据	2~4 Gb/s	航空领域
8	RapidIO	内部总线	高速支持交换的板级总线	大容量数据	1.25 Gb/s（单线）	模块内部常用
9	PCI Express	内部总线	板级高速总线	大容量数据	2.5 Gb/s（1.0）	模块内部常用
10	Aurora	内部总线	板级高速总线	大容量数据	3.125 Gb/s	模块内部常用

CAN、FlexRay 等总线式的网络由于带宽较低，不具备较好的扩展性和任意接入性，因此无法应用于统一网络。RTE 或 FC 由于支持交换式传输，有较好的扩展性和任意接入性，可应用于统一网络。

3. 统一网络方案

通过上述分析，在本书描述的坦克装甲车辆电子综合系统中，拟采用统一的交换式网络，物理上可以是以太网或 RTE，其具备以下能力：

（1）设备管理能力。完成网络网卡和驱动设备相关资源的创建和初始化，包括逻辑初始化、网络管理初始化、通信管理初始化、时间管理初始化、中断管理初始化等。

（2）网络管理能力。支持网络管理的角色设置，包括管理者和被管理者等。管理网络设备在网状态，识别接入的设备，并进行身份或名称鉴别等。

（3）时钟管理能力。提供时钟同步角色管理，包括时钟服务器和时钟客户端等。网络具备内部时钟同步以及与外部时钟同步的能力。

（4）通信管理能力。支持消息和流数据的传输，发送节点通过缓存管理支持多种传输优先级，交换机也应该能够响应不同数据传输的优先级。

（5）交换机能力。网络交换机包括对端口数量的要求、监控能力的要求、转发延时的要求、测试性的要求、多协议的支持等。

图 2-18 给出了一种坦克装甲车辆电子综合系统网络连接的示例。

该网络结构的特点有：

（1）统一互联。所有设备均通过交换机接入系统，网络不区分主从节点，因此交换网络可以很方便地进行多协议设计，系统具有可扩展性。

（2）多传感器综合。交互网络可承受较大的带宽，目前主流的以太网为

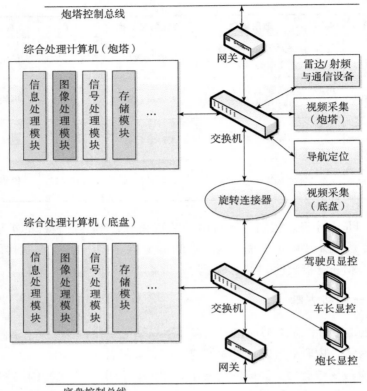

图2-18　坦克装甲车辆电子综合系统网络连接示例

1~10 Gb/s，成熟的 FC 网络可支持 2/4/8 Gb/s。

（3）系统容错与重构。通过网络管理，地址命名规范，可以实现设备的交换机任意端口接入，通过系统管理可以将软件部署到任意处理模块中，实现系统的功能重构。

（4）模块化设计。底盘和炮塔接入不同的交换机中，网络支持自适应扩展和剪裁，底盘可以搭载具有相同交换式网络的负载，炮塔也可以搭载在相同结构的底盘上，整体网络和部分网络都可运行。

（5）COTS 应用。以太网具有极广泛的商业应用环境，成熟度很高；FC 网络在航空和航天等领域也有大量的应用，成熟度较高。

4. 分离的网络方案

在图 2-18 所示方案中，所有数据的传输都共享同样的物理链路，视频、数据、控制、状态、传感信息等都在一个网络中，由于视频的数据量较大，不难看出这一设计可能会导致视频的传输拥塞。如果按照 T‒14 坦克的无人炮塔设计，炮塔上增加多种遥控武器站的射击视频、多车之间的无线传输视频等，很可能导致视频的数据量大增，从而导致网络的带宽和性能无法满足视频传输的延时和抖动等的要求。

图 2‒19 给出了一种折中的方案（图中将控制总线略去），通过视频专网和数据网分离，可以解决视频拥塞的问题，代价是增加了系统的节点数量和复杂度。

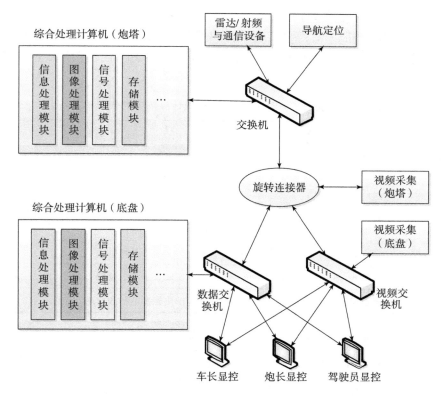

图 2‒19　坦克装甲车辆电子综合系统分离式网络连接示例

在该方案中，视频专网不一定需要采用与数据网络一致的交换网络，可以采用成本较低的视频切换矩阵等成熟方案，所以有助于降低成本。

2.4.3　坦克装甲车辆电子综合系统物理架构设计

在图 2‒17 所示的综合式/分布综合式系统构型的基础上，物理架构需要进一步确定物理设备的数量和类型、设备功能和接口。逻辑架构、物理架构和网络设计共同完成顶层设计（TLD）。

1. 综合处理计算机模块设计

综合处理计算机作为坦克装甲车辆电子综合系统的功能实现主体，从软、硬件两方面进行综合集成设计，实现装备平台任务统一管理、信息综合处理、信号综合处理、图像综合处理、数据存储共享等基础功能，并面向装备各功能域，如传感域、信息综合处理域、综合显控域、武器域、防护域、推进域、电气域等提供任务计算、功能控制的支撑能力，从系统整体角度完成信息通用浏览显控、功能冗余备份、任务迁移、系统重构等功能。

为了支撑这些能力，综合处理计算机需要集成计算处理、图像处理、信号处理等功能。表 2 - 7 给出了美国 F - 35 战机综合处理计算机中的模块种类。

表 2 - 7　美国 F - 35 战机综合处理计算机中的模块种类

序号	名称	功能
1	图像处理模块	图像滤波、识别、压缩、解压缩等
2	网络接口模块	负责机内、机外的数据交换
3	信息处理模块	通用计算处理
4	带输入/输出的信息处理模块	实时计算处理
5	信号处理模块	数字信号处理
6	带输入/输出的信号处理模块	实时数字信号处理
7	电源模块	输出标准电压和电流

在航电系统中，系统的集成度更高，一些对实时性要求很高的控制也纳入了综合处理系统中，表 2 - 7 中带输入/输出的处理模块就是为这些高实时性应用所准备的。但是本书设计的坦克装甲车辆电子综合系统主要负责任务系统和车辆管理，不需要负责高实时性的应用，如车辆底盘控制、武器防护控制等，因此不需要带输入/输出的处理模块。

在物理架构设计中，拟采用数据处理模块负责系统管理、任务处理、视频处理和信号处理。关于综合处理计算机详细的硬件及软件设计参见本书第6 章。

2. 功能分配

综合处理计算机采用分布式部署方式，在炮塔和底盘各配置一台，方案综合考虑当前系统的处理能力、传输能力、系统延时及各设备性能需求的实际情况。综合处理计算机各模块配置与功能分布方案如表 2 - 8 所示。

表 2 - 8　各模块配置与功能分布方案

序号	位置	模块	功能	备注
1	底盘综合处理计算机	信息处理模块	电气综合控制 底盘综合管理 车辆信息综合管理 故障诊断与监控管理	与 2、5、6 互为备份
2		信息处理模块	任务管控 指挥控制 辅助决策	与 1、5、6 互为备份
3		图像处理模块	图像滤波、目标识别 视频压缩/解压缩	图像与视频处理
4		存储模块	系统管理、网络管理、数据存储	与 8 互为备份
5	炮塔综合处理计算机	信息处理模块	武器综合管理 防护综合管理	与 1、2、6 互为备份
6		信息处理模块	通信控制与管理	与 1、2、5 互为备份
7		信息处理模块	传感数据融合处理	信息融合
8		存储模块	系统管理、网络管理、数据存储	与 4 互为备份

其中，模块功能分配按照"就近"处理的原则，对炮塔和底盘的处理功能分别按照其所处理的信息源所在位置就近分配。单个模块的处理任务原则上按照相同或相近的任务进行归类部署，综合考虑任务本身的资源需求，从而便于管理调度。对于炮塔和底盘的信息处理模块，由于其功能都由软件实现，因此可以互为备份。

图 2 - 20 最终确定了一种坦克装甲车辆电子综合系统物理架构的示例。图中关注的仅是坦克装甲车辆电子综合系统中的部件和总线/网络，其余的车辆物理子系统如推进系统、电气系统、武器系统和防护系统并不包括在该系统中。

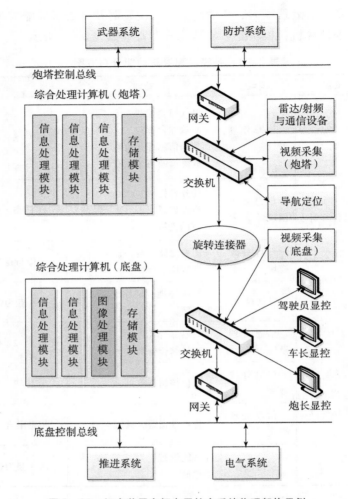

图 2 - 20　坦克装甲车辆电子综合系统物理架构示例

　　表 2 - 9 给出了坦克装甲车辆电子综合系统的逻辑架构功能域与物理架构功能域的映射关系，表中的"√"代表该逻辑域与物理域有交联关系，"—"代表该逻辑域与物理域无关。由表 2 - 9 可见，每个功能域都与一个或多个物理架构中的子系统产生了直接关系，特别是传感域、信息综合处理域和综合显控域与其他物理系统都有直接或间接的关系，这一关系体现了综合化的思想，即将传统上各个物理子系统的信息感知、信息处理、信息显示综合在一起了。

表 2 – 9 逻辑架构功能域与物理架构功能域的映射关系

逻辑架构		物理架构				
		推进系统	电气系统	射频与通信	武器系统	防护系统
信息采集	传感域	√	√	√	√	√
信息处理	信息综合处理域	√	√	√	√	√
信息显示	综合显控域	√	√	√	√	√
信息控制	推进域	√	—	—	—	—
	电气域	—	√	—	—	—
	武器域	—	—	√	√	—
	防护域	—	—	√	—	√

2.5 方案及工程设计

方案及工程设计不作为本章的重点内容，本节仅对其中的 COP、信息流与 ICD 进行简要介绍。

2.5.1 COP

COP 是在环境 – 车辆 – 乘员的大系统中，从人机界面，即从显示 – 乘员 – 显控界面去描述、说明车长、炮长、驾驶员操作与车辆状态、环境关系的技术文件。COP 既关系到系统功能设计，也关系到系统的过程设计，进而将影响系统详细设计和整车软件的开发。但 COP 也是一个相对独立的过程，在顶层设计的同时，需要从用户层面去描述驾驶员、车长、炮长如何使用坦克装甲车辆，这种分析的视角与对系统直接解构不同，二者相互配合，共同组合完成对系统的逐层分析和设计。

COP 的输入：用户需求；坦克装甲车辆电子综合系统总体方案；关于显示和控制的相关国家标准、国家军用标准和行业规范；坦克装甲车辆乘员和工程心理学专家的要求及建议。

COP 的输出：乘员操作程序设计报告。

COP 包括以下几个步骤。

1. 人机功能分配

人机功能分配主要是对车辆与乘员的能力进行分配，通过对车长、炮长、驾驶员的任务定义，分解出车辆应提供的能力要求。

以典型的装甲车辆为例，车长、炮长、驾驶员主要承担以下任务：

（1）车长主要负责车内、车际指挥，战场搜索，防护，辅助武器射击、超越射击以及车辆状态管理等任务。

（2）炮长主要负责目标搜索与打击、武器操作与维护等任务。

（3）驾驶员主要负责车辆机动、"三防"灭火、底盘维护保养等任务。

2. 显控资源规划

描述车辆可供乘员使用的资源（包括视觉和听觉），包括显控终端（含周边键或触摸屏）、车长/驾驶员操作面板、车长/炮长操作手柄与操纵台、驾驶员多功能方向盘、乘员头盔以及耳机、麦克风等的软/硬件资源规划。

3. 操作程序设计

描述在不同任务和模式下，乘员的操作流程、操作结果以及显控设备的响应。乘员与车辆的所有交互控制显示及其逻辑设计均涉及车辆任务操作的效能，逻辑设计与系统顶层设计的其他文件密切相关，也涉及系统广泛的技术范畴。设计需要根据不同任务和乘员所要侧重了解的信息及操作，将坦克装甲车辆电子综合系统显示控制涉及的大量显示通过逻辑设计在一起，便于进入和退出各种显示和操作界面。

以驾驶员完成车辆起动的操作为例：

（1）系统上电前，按下驾驶员操作面板上的"低压电源"开关接通底盘低压电源。

（2）"低压电源"开关成功接通后，按下驾驶员操作面板上的"程序启动"开关（持续 3s 以上），执行程序起动发动机。

（3）若车辆处于非战斗状态，传动控制器检查转速、挡位信息，若不符合起动条件，则发出连续起动抑制信号。

（4）当发动机电控未接收到"起动抑制"信号时起动发动机，否则不响应程序起动指令。

（5）发动机水温、转速、压力值将显示在驾驶员显控界面上。

4. 人机界面设计

人机界面设计主要是显控程序逻辑和界面内容的设计，实现乘员的显控界面规划、操作按键的定义。人机界面设计不仅需要对显示的信息进行合理的设计、分类和定义，使乘员接收的信息精练准确，而且应使操作逻辑简单明了，易于乘员的控制和决策。

2.5.2 信息流与 ICD

信息流与 ICD 的主要任务是由顶层设计所定义的功能数据流使其变成 ICD 中对位（bit）一级所描述的特定数据流，为开发多路总线通信系统的传输层和应用层提供输入。

信息流设计的对象是部件与部件之间，或更为细化的软件与软件之间的接口，以及接口所传输的数据对应的描述。表 2 - 10 给出了驾驶视频显示信息流的例子。

表 2 - 10 驾驶视频显示信息流

序号	信息名称	传输方式	来源	目的地
1	视频打开	交换网络	驾驶员显控终端	视频采集（底盘）
2	视频选择	交换网络	驾驶员显控终端	视频采集（底盘）
3	视频响应	交换网络	视频采集（底盘）	驾驶员显控终端
4	视频数据	交换网络	视频采集（底盘）	驾驶员显控终端

ICD 是定义和描述组成坦克装甲车辆电子综合系统的各分系统或电子设备之间接口信号的功能、技术特性以及使用说明的技术文件。它给出了坦克装甲车辆电子综合系统规范中所定义的电气和电子接口的详细说明，在信息流设计的基础上，将接口进一步细化，将信息流细化到帧格式、字段等（表 2 - 11）。

表 2 - 11 视频打开 ICD

序号	信息名称	字节位置	长度/B	单位	值/值域	来源	目的地
1	信息 ID	0 ~ 3	4	—	0x01100101	驾驶员显控终端	视频采集（底盘）
2	打开命令	4	1	—	打开：0x01 关闭：0xEE	驾驶员显控终端	视频采集（底盘）
3	视频 ID	5	1	—	前视：0x01 后视：0x10	驾驶员显控终端	视频采集（底盘）
4	命令结束	6	1	—	0xAA	视频采集（底盘）	驾驶员显控终端

2.5.3 网络详细设计

在坦克装甲车辆的网络传输系统研制过程中，信息系统的整车架构级设计由总体单位给出，但由于车载的分系统、部件较多，而这些部件一般都会分散到多个军工或民营企业、单位进行研制，随后各家根据 ICD 文件和总线规范进行传输系统的接口、电路设计。如果各个单位都按照自己的独立方案设计总线的协议参数，通信物理层接口，则在整车信息系统集成时，往往会导致整车的协议不一致、接口电路发生电气接口不协调、总线电平不一致、通信质量不稳定等问题。因此，有必要由系统的总体设计单位和部件的研制单位联合设计一套网络详细设计方案，从而约束各个研制单位的物理设备、板卡规格和通信协议，提高网络通信的集成和测试效率。

网络详细设计一般通过规范和技术协调文件的形式进行分发，本节选取 FC 网络和 CAN 总线为说明对象，对网络详细设计做一个概要介绍。

1. FC 网络使用规范设计

光纤通道 FC（FC：Fiber Channel）是由 ANSI 于 1994 年制订，名为 ANSI X3.230 – 1994（ANSI INCITS 230 – 1994），ISO 对应的标准为 ISO 14165，我国于 2008 年制订了相应的国家军用标准 GJB – 6410 – 2008。

光纤通道支持 I/O 通道所要求的带宽、可靠性以及网络技术的灵活性、连接能力和距离，使得在同一物理接口之上运行当今流行的通道标准和网络协议成为可能，现已成为一种高速传输数据、音频和视频信号的 ANSI 串行通信标准。在军用领域，预计它将取代已被广泛使用近三十年的 1553 标准，并在航天、航空和航海工程中得到开发与应用。其中，光纤通道仲裁环（FC – AL：Fiber Channel Arbitrated Loop）已经被 E – 3 Sentry、B – 1 Lancer 以及 F/A18 Hornet 和下一代联合攻击机 JSF 所采用；另外美军提出了应用光纤通道技术改进航空电子的方案标准 FC – AE（Fiber Channel Avionics Environment Standard），将其应用于下一代航空电子以及对现有航空电子升级。

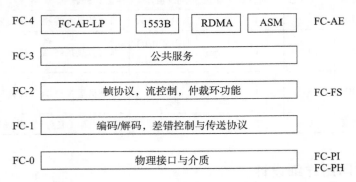

图 2 – 21　FC 网络的协议分层结构

光纤通道协议采用分层模型，共分为 5 层，各层之间技术相互独立，留有增长空间，并且由被认可的标准化机构进行开发，光纤通道协议结构如所示。

FC - 0 层为物理链路层，FC - 1 是编/解码层，FC - 2 是信号协议层，FC - 3 是公共服务层，提供高级特性所需的通用服务，为一些特殊的高级应用所使用；FC - 4 为协议映射层，定义了各种高层协议向低层映射的规则，规定了上层协议到光纤通道的映射，该层提供了在光纤通道上使用现有的协议而不需要修改协议的方法。

1）FC - 0

FC - 0 层定义光纤通道协议中的物理部分，包括光纤、连接器以及不同传输介质和传输速率所对应的光学和电器特性参数；

2）FC - 1 层

FC - 1 层定义了字节同步和串行的编码/解码方案，它采用了直流平衡的 8B/10B 编码方案；

3）FC - 2 层

FC - 2 层为帧协议层，定义了光纤通道中使用的传输机制，包括帧格式、节点间的信息交换管理、拓扑结构和提供的 6 种服务类型等；

4）FC - 3 层

FC - 3 层中定义了一组服务，用于公共的单一节点中的多个端口交叉。其中包括组搜寻（Hunt Groups）和多播（Multicast）；

5）FC - 4 层

FC - 4 层是光纤通道协议结构的最高层，它从应用的角度出发，定义了把各种主要的有关通道以及网络等高层协议映射到低层的方法。例如 ASM，1553，RDMA 以及 IP 协议向 FC 的映射。

（1）FC 网络公共参数设计

参考 FC - AE（Fibre Channel - Avionics Environment，FC 网络——航空电子环境）对 FC 网络使用参数的约束，FC 网络使用规范需要规范的是各个使用 FC 通信的节点都必须要，表 2 - 12 给出了 FC - AE 兼容的设备在 FC 网络中对 FC - FS 协议中的参数约束，其中规定了在 FC - AE - ASM 中的相关技术特征的可选项，包括必须（R）、调用（I）、允许（A）或禁止（P）。

表 2 - 12　ASM 中 FC - FS 的特征定义

ASM 特征	Nx_Port	Fx_Port	注释
支持点对点连接	A	A	
链路协议（Link Protocols）			
链路初始化（Link Initialization）	R	R	

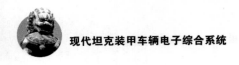

续表

ASM 特征	Nx_Port	Fx_Port	注释
链路失效（Link Failure）	R	R	
链路重置（Link Reset）	R	R	
支持仲裁环路	A	A	
网络登陆			
隐式 Fabric 登陆	R	R	
隐式 N_Port 登陆	R	—	
TYPE Code hex '49'	R	—	
R_CTL			
Routing Bits 设置为 hex '0'	R	—	
Information Category 设置为 hex '4'	R	—	
F_CTL			
优先级使能	I	R	
Abort Discard Single Sequence	I	—	
Relative Offset Present	R	—	
DF_CTL = hex '00'	R	R	
标准地址			
时钟同步服务器	I	R	
广播地址	I	R	
网络登陆通用参数值			
BB_Credit 不低于 2	R	R	
最大的 BB Receive Data Field ≥ 2048	R	R	
连续增加相对偏移	R	—	
随机相对偏移	P	—	
Class 3 广播	—	R	
总的并发序列数 ≥ 16（包括发送和接收）	I	—	
E_D_TOV = 10ms	R	R	
R_A_TOV = 2 × E_D_TOV	R	R	
R_T_TOV = 100 microseconds	R	R	
登陆时的服务类别特定服务参数			
服务类别			
Class 1	P	—	
Class 2	I	I	

续表

ASM 特征	Nx_Port	Fx_Port	注释
Class 3	R	R	
Class 4	P	—	
Class 6	P	—	
Sequential Delivery = 1	R	R	
Priority = 1	I	R	
ELS 时钟同步	I	R	
ELS 时钟同步发起者	P	—	
ELS 时钟同步接收者	I	—	
扩展链路服务（ELS）			
CSR	I	R	
CSU	R	I	

FC－AE－ASM 应使用优先级，优先级是一个在帧头中 7bit 的数值，即 bits30：24（CS_CTL）。当 F_CTL 域的 bit17 位为 1 时，FC 网络应该依据数据帧的优先级进行转发，其中数值越大代表优先级越高（从 127 到 0）。

FC－AE－ASM 的设备应支持通过 ELS 的时钟同步方式，也可以使用时钟同步原语的方式进行时钟同步，具体的应参照 FC－FS 标准。此外，每个时钟同步的端口应保证其时钟更新过程，以防止时钟进行负向的调整。

系统内部的时钟同步应支持为帧的发送、接收提供获取时间及时间戳服务，支持与外部时钟（如 UTC）的同步关联。

（2）FC 网络协议支持

在本例子中，假定某平台需要使用 ASM 协议传输数据，通过 FC－AV 协议传输视频，则可以分别规范 ASM 和 AV 协议如下：

- ASM 协议

ASM 帧头格式如表 2－13 所示：

表 2－13　C－AE－ASM 帧头格式

Bytes	0	1	2	3
0－3	Message ID			
4－7	Reserved－Security			
8－11	Reserved			
12－15	L	Priority	Message Payload Length（Bytes）	

其中，Byte 0 – 3 是 Message ID 域，消息 ID 包含的是 32 – bit 的标识符，该消息 ID 唯一地指定了系统内的一条消息，其中消息 ID 0x00 00 00 00 和 0xFF FF FF FF 保留不使用，可以进一步规范哪些 Message ID 被允许使用；

Byte 4 – 7 预留给不同实现的安全信息，若不使用则填 0；

Byte 8 – 11 预留，应填 0；

Byte 12 包含了一个 L 位（占 1bit）和传输优先级，其中；

当 Byte 13 – 15 表示的消息长度为 0 时，L 位的意义是：

L = 0：本 ASM 消息的载荷长度是 16777216 字节；

L = 1：本 ASM 消息的载荷长度是 0；

当 Byte 13 – 15 表示的消息长度不为 0 时，L 位不起作用；

优先级 Priority 最大支持 0 – 127 共 128 个优先级，其中 127 的优先级最高，当优先级启用时，FC – FS 中规定的 CS_CTL 应相应的设置；

Byte 13 – 15 是本消息的长度，为无符号数值，其数值代表本 ASM 消息的长度，不包含任一帧头的长度。

ASM 消息分为单次消息、块消息和流消息。

单次消息定义为不具有连接状态，发送的字节数在 2096 字节以内，由 FC – AE – ASM 传输，可以由 FC – FS 定义的低层数据帧一次传输完成，单次消息传输应支持至少 4 级优先级；

不超过 16MB，即 FC – AE – ASM 的最大可容纳的消息长度，由 FC – AE – ASM 传输，需要经过 FC – FS 定义的低层数据帧进行拆包、组装才能完成传输，块消息传输应支持至少 4 级优先级；

流消息定义为传输容量较大，具有连接状态的，包括音视频流、传输文件流和视频流三类，采用 FC – AE – ASM 传输的流消息传输应支持至少 4 级优先级。

- AV 协议

FC – AV 应支持行缓存或图像缓存 2 种模式，在 FC – AV 行缓存模式中，接收端（显控终端）应缓存不超过 200 个图像行；在图像缓存模式中，接收端缓存一幅图像后进行显示。

FC – AV 所有状态数据应在 Object0 中定义；

FC – AV 应支持多播，满足单路视频同时发送到多个目的地中；

表 2 – 14 给出了 FC – AV 映射到 FC – FS 上的参数约束。

表 2 - 14　FC - AV 到 FC - FS 的映射

DWord	标识	Byte 0	Byte 1	Byte 2	Byte 3
—	IDLE	K28.5	D21.4	D21.5	D21.5
……	n × IDLE	……	……	……	……
0	SOFi/n	K28.5	D21.5	D23.x	D23.x
1	Frame Header	0x44 (R_CTL)	D_ID	D_ID	D_ID
2	Frame Header	0x00 (CS_CTL)	S_ID	S_ID	S_ID
3	Frame Header	0x61	b'0011 w000'	b'0000 000x'	b'0000, x0xx'
4	Frame Header	SEQ_ID	0x00	SEQ_CNT	SEQ_CNT
5	Frame Header	0xFF (OX_ID)	0xFF (OX_ID)	0xFF (RX_ID)	0xFF (RX_ID)
6	Frame Header	Parameter	Parameter	Parameter	Parameter
7 to N	Payload&Fill	Container	Container	Container	Container
N + 1	CRC	Data	Data	Data	Data
N + 2	EOFn/t	K28.5	D21.x	D21.x	D21.x

（3）FC 网络设备地址分配

在通信前，必须要规范平台内的设备 FC 通信地址，假定平台中含有 1 台 FC 网络交换机，则可以按照表 2 - 15 进行设备的地址分配：

表 2 - 15　FC 网络设备编址与端口映射

设备名称	域地址	区地址	端口地址	交换机端口号
设备 1	0x01	0x00	0x01	1
设备 2	0x01	0x00	0x02	2
设备 3	0x01	0x00	0x03	3
设备 4	0x01	0x00	0x04	4
……				
设备 16	0x01	0x00	0x10	16

在存在多播的场景下，还应设置多播地址，如表 2 - 16 所示：

表 2 - 16　FC 网络设备编址与端口映射

序号	目的设备	多播地址
1	设备 2	0xFF0001
	设备 3	
2	设备 1	0xFF0002
	设备 4	

（4）传输字节序

目前，参考主流的传输字节序，规范 FC 网络的字节序采用大端模式，即先传输高字节，再传输低字节，在字节内部，先传输低位（LSb，Least Significant bit），再传输高位（MSb，Most Significant bit）。

例如，图 2 - 22 给出了 2 个字节的示意图，它代表的是 2 个字节的情形。

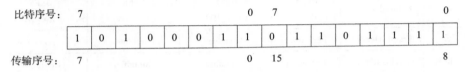

图 2 - 22　传输字节序示意图

其中这两个字节所表达的数值是 0xA36F，在网络上传输时看到的比特序为 11000101 11110110，即先传输高字节，再传输低字节，每个字节内部先传输 LSb。

2. CAN 总线使用规范设计

CAN 是 Controller Area Network（控制器局域网）的缩写，是标准化的总线串行通信协议（ISO 11898 用于高速 CAN，ISO 11519 用于低速 CAN）。目前，CAN 总线是汽车网络系统中应用最多、也最为普遍的一种总线技术。由于CAN 总线在汽车电子使用非常广泛，其标准的一致性、测试工具、诊断工具和协议（如 J1939，ISO14229 等标准）完备。CAN 总线的特点有：

• 通信方式灵活。

采用通信数据块编码，可以实现多主工作方式（各节点平等，任一节点可以在任意时刻发送数据），同时可以将报文分为不同的优先级，满足不同的实时性要求。

• 实时性高。

CAN 协议采用短帧结构，传输时间短，受干扰和出错率低。

• 可靠性高。

采用载波侦听多路复用/冲突避免（CSMA/CA）协议，当多个节点同时发送数据时，只有最高优先级的节点才能继续发送数据，其他节点会主动退出，因此可以避免网络拥塞、瘫痪的情况。

● 协议简单，组网灵活。

CAN 协议简单，只有物理层、数据链路层和应用层，网络对节点数量没有特别的限制，可以灵活组网。

（1）CAN 总线公共参数设计

CAN 总线通信波特率为 250K bps，位时间 tB（bit time）为 4 μs，tB 允许最小值、最大值范围：[3.98 μs ~ 4.02 μs]；

CAN 总线采样点位置（Sample Point Position）应设置于 0.8 tB 左右，即位时间 80% 位置；

CAN 总线采样次数（Sample Times）应设置为 1；

CAN 总线同步跳转宽度（SJW）应设置为：2 tq（tq = 250ns）或 3 tq（tq = 200ns）；

CAN 总线数据帧采用标准帧格式，数据帧包含 11bit CAN ID；数据帧的 11 位 ID 号则由项目所需的帧的数量、优先级以及周期/发送间隔等决定。

（2）双冗余 CAN 通道数据接收规则

CAN 总线节点应通过 CAN_A 和 CAN_B 两路总线分别接收数据帧。接收方式可采取以下两种：

● 先到先得

对于相同 ID 的 CAN 帧，在一个通信周期内，当先收到 CAN_A 的数据帧时，以 CAN_A 的数据为准；否则，若首先收到 CAN_B 的数据帧时，以 CAN_B 的数据为准；

● CAN_A 具有较高的优先级

对于相同 ID 的 CAN 帧，在一个通信周期内，当 CAN_A 接受的数据有效时，以 CAN_A 的数据为准；否则，若 CAN_B 接受的数据有效时，且在 Δ = 1ms 的间隔内若未收到 CAN_A 的数据帧，则以 CAN_B 的数据为准，若在 Δ = 1ms 的间隔内收到 CAN_A 的数据帧，则以 CAN_A 的数据为准（见图）。

（3）传输字节序

尽管在 J1939 等协议中存在小端模式的传输字节序，但为了和 FC、以太网等网络保持一致，往往也要求 CAN 总线采用大端模式，即先传输高字节，再传输低字节，在字节内部，先传输低位（LSb，Least Significant bit），再传输高位（MSb，Most Significant bit）。

例如，图 2 - 24 给出了 2 个字节的示意图，它代表的是 2 个字节的情形。

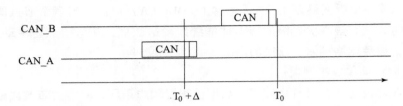

图 2 - 23　在 △ 的接收时间窗口内，以 CAN_A 的数据为准

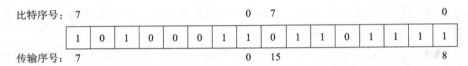

图 2 - 24　传输字节序示意图

其中这两个字节所表达的数值是 0xA36F，在网络上传输时看到的比特序为 11000101 11110110，即先传输高字节，再传输低字节，每个字节内部先传输 LSb。

第 3 章

任务综合技术

|3.1 概　　述|

任务综合技术是负责坦克装甲车辆单平台、多平台任务执行的载体。它位于体系架构/系统之系统和作战单元/平台层，是一个复杂的多输入/多输出及处理系统。任务综合技术的实体是多个软件，其运行于坦克装甲车辆电子综合系统中的核心处理域中，如图 3 - 1 所示。

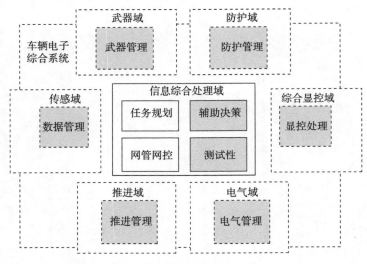

图 3 - 1　任务综合技术的定位

任务综合技术的输入包括传感域发现的战场及态势信息，通过通信系统获得的作战任务和战场态势信息，平台子系统的状态信息等，通过计算处理后，生成武器、防护、推进、电气、显控等系统的管控指令。

3.2　任务规划系统

任务规划系统是落实指挥员宏观作战意图到武器装备具体行动计划的信息装备，是衔接指挥控制、武器装备、信息资源的桥梁和纽带。任务规划系统是武器系统的大脑，是效能提升的倍增器。

随着任务规划领域的蓬勃发展，其内涵与外延也在不断扩大，从早期的无人飞行器领域逐步扩大到多种装备、多种平台甚至火力/兵力的合成运用领域。随着装甲部队装备体系信息化程度的不断提高，信息化武器装备和多兵种混合编组协同作战的过程日趋复杂，体系化协同难度逐渐增大。

3.2.1　研究现状

3.2.1.1　国外任务规划系统研究进展

国外将军用任务规划系统主要划分为 3 个层级，分别是战略级（strategic）、战役级（operational）、战术级（tactical）。3 个层次的任务规划系统职责不同，各有侧重。

战略级任务规划系统主要面向国家指挥当局，如总统、参谋长联席会议主席（CJCS）、国防部长等，主要对国家安全战略、军队战略、联合战略能力、参谋长联席会议项目等进行规划和评估，支持联合作战计划和武器力量联合部署。主要成果为国家和军队的政策、方针等战略性指导性文件、指南、手册等，供各军兵种、各战区和各级指挥官执行作战规划时进行参考。例如，联合战略规划系统（Joint Strategic Planning System，JSPS），是 CJCS 使用的主要工具。CJCS 使用 JSPS 行使其职责，包括：向国家指挥当局（NCA）提供武装部队战略方针；向国防部长建议优先规划、准备战略计划、推荐项目、军兵种和作战支持局提议的预算。JSPS 帮助 CJCS 查阅国家安全环境和国家安全目标，评估威胁，评价当前战略、各种规划和预算，研发军事战略、规划为达到国家安全目标所必需的武装力量。

战役级任务规划系统主要面向战区级各级指挥官及其参谋团队，如战区级作战司令部司令（CINC）、联合部队司令（JFC）、联合部队空中部队司令（JFACC）、联合部队海上部队司令（JFMCC）、联合部队地面部队司令（JFLCC）等，主要在战略作战计划指南的指导下，负责战区内兵力和装备的协同、任务和资源的分配、任务要求的制定、时间窗口的确定等，如空军的 ATO（空军任务指令）/ACO（空域控制命令）制定，其规划结果作为战术级任务规划系统的输入。

战术级任务规划涉及的任务内容复杂多样，其不同的武器装备具有各自独特的作战使用模式，所以它是一个非常动态、多维的处理过程。因此战术级任务规划尚没有统一的标准化规划过程，主要依据具体执行战术级任务的武器装备，针对性地研制相应的战术级任务规划系统，如便携飞行规划系统（PFPS）、战术"战斧"武器控制系统（TTWCS）等。

美军是最早开始任务规划技术研究与系统建设的国家。20 世纪 90 年代，美军各军兵种均发展了大量各自独立的任务规划系统。进入 21 世纪，美军加速推动任务规划系统向统一的联合任务规划平台方向发展，提出了在 2009 年全面实现海军、空军、陆军、海军陆战队 4 个军种所有武器平台均采用统一的联合任务规划系统（JMPS）的目标。从 2007 年开始，美军开始着手开展跨军兵种联合任务规划系统（JMPS - E）的研制，将联合任务规划系统从战术层向战役层不断延伸，最后与联合指挥控制系统实现无缝对接，形成体系化的联合作战能力。

美国任务规划技术发展与系统研制起步最早、发展最快、技术最先进，其中尤以美国空军在任务规划领域的发展最为先进。美国空军的任务规划主要经历了以下发展阶段：

（1）20 世纪 80 年代以前，手工任务规划（第一代）。20 世纪 80 年代以前，美军的飞行器任务规划为手工作业，一般由飞行员在纸上进行绘图，对执行任务的飞行航迹进行规划，称为"铅笔头"（Stubby Pencils）式任务规划（如图 3 - 2）。

（2）20 世纪 80 年代，计算机辅助任务规划（第二代）。1980 年，美军计算机辅助任务规划系统（Computer-aided Mission Planning System，CAMPS）原型系统发布，开始迈入计算机辅助任务规划时代；1981 年，基于 DOS 的任务规划原型系统——飞行规划器（Flight Planner）发布；1983 年和 1986 年，基于 UNIX 的任务支持系统 MSS - Ⅰ 与 MSS - Ⅱ 先后发布，并用于 F - 16/F - 15 的任务规划。

（3）20 世纪 90 年代，各种型号任务规划系统蓬勃发展，各军兵种形成了

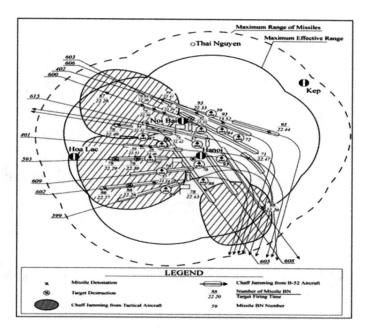

图 3 - 2　美军在越战中为 B - 52 轰炸机手工规划的任务计划

大量的独立任务规划系统（第三代）。进入 20 世纪 90 年代，随着 MSS - Ⅱ 型任务规划系统在"沙漠风暴"行动中投入实战使用，美军任务规划系统进入快速发展期，呈井喷式发展，各军兵种也先后形成了各自独立的任务规划系统，空军的 MSS 也经历了 MSS - Ⅱ、MSS - Ⅱ A、MSS - Ⅱ + 到 MSS - Ⅱ Block、MSS Block C 等一系列发展。

空军主要以 MPS、PFPS 等系统为主，形成了适应美空军主要作战机型的任务规划系统；海军以 TAMPS 任务规划系统为主，应用于美海军航空兵各主战机型；陆军主要使用 AMPS 任务规划系统，应用于陆航各型装备中（如图 3 - 3）。

（4）21 世纪以来，美军打破任务规划系统"烟囱式"发展格局，着手研制联合任务规划系统（JMPS，第四代）。自 1997 年起，在美国国防部的指导下，美军开始了 JMPS 的研制工作，JMPS 支持多平台、多武器的联合任务规划功能，采用统一架构，有效改变了各军兵种"烟囱式"发展的格局。JMPS 能够为飞机、武器、传感器提供联合任务规划能力，其重点是联合任务规划通用平台和统一架构。美军从 2002 年开始逐步将各军兵种独立建设的任务规划系统进行联合统型，到 2009 年基本完成了基于 JMPS 的联合统型工作（如图 3 - 4）。

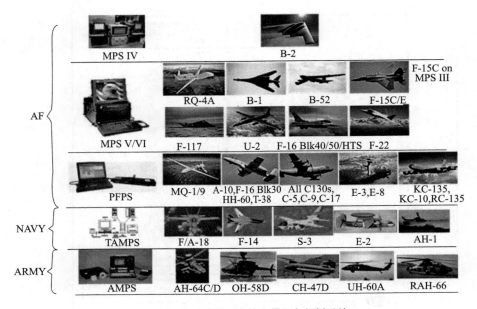

图 3-3　各军兵种形成的大量任务规划系统

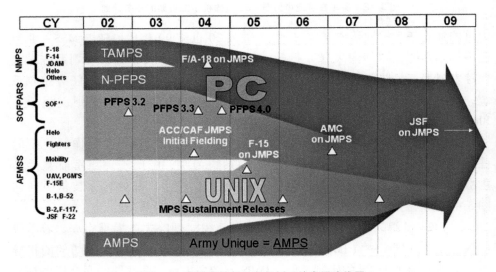

图 3-4　美国国防部任务规划系统发展路线图

美国国防部在 20 世纪末提出陆军转型计划，其核心"未来战斗系统"（Future Combat Systems，FCS）采用"核心分系统 + 网络"的形式组成。FCS的核心分系统包括 11 种无人值守地面传感器、2 种无人值守弹药、3 种无人驾驶地面车辆、4 种建制无人机和 8 种有人驾驶地面车辆组成。以地面车辆路径规划技术为例，美国地面系统发展路线图 2011 版中关于任务规划与自主导航领域的研究计划（图 3 – 5）。

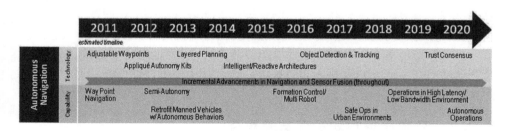

图 3 – 5　美国地面系统任务规划与自主导航领域研究计划

从图中可以看出，美国 2011 年已经实现了通过任务规划系统实现对无人车行驶路线的规划与控制，2014 年已经实现半自主的分层多任务规划（任务载荷配置、任务分配、行驶路线规划等），2016 年年底实现了对多车的协同编队控制，2018 年实现复杂城市环境下的动态避障，计划 2020 年实现无人车的自主智能控制。

美军坦克装甲车辆在路径规划方面功能较为全面，包括全局规划、局部规划、速度规划等（如图 3 – 6）。

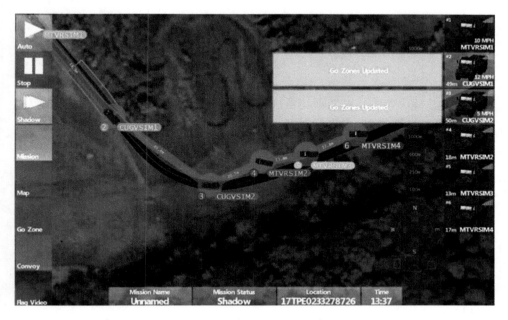

图 3 – 6　美军装甲车辆任务规划系统规划界面

全局规划：计算所有进入目的地的轨迹中最短路线，遵循任务计划，设置车距、车速限制以及其他的一些限制。

局部规划：使用坦克装甲车辆感知系统内的输入和路网地图的信息来规划行进轨迹，沿着道路行进并可以避障。如果感知系统检测到路面障碍，局部规划师将计算一条平滑路线避开障碍。

速度规划：速度规划师将依据当前道路状况以及可见度水平确定坦克装甲车辆速度。在弯道、崎岖路面和斜坡上减速，并可预见性地放缓速度。在灰尘雨水以及其他恶劣环境中减速，确保其平滑安全驾驶。

3.2.2　车载任务规划系统发展趋势

1. 基于统一的平台实现系统通用化

车载任务规划系统的构建将避免美军"先建设、后统型"的曲折路线，基于通用任务规划平台实现系统平台通用化，为实现后续"上下贯通、横向协同"的扁平化指挥和集群化作战奠定基础。车载任务规划系统未来将以"平台统一、分层架构、模块组成"为通用任务规划平台的基础技术路线，以避免在坦克装甲车辆系统领域出现烟囱林立的局面。

现有任务规划系统仅重点针对单一武器装备作战运用问题，在技术体制、业务模型、流程接口、操作系统、数据规范方面均存在较大差异。由于缺乏统一技术体制和标准规范，各武器装备任务规划系统之间难以实现互联、互通、互操作，无法满足多种武器装备协同作战需要。为满足未来"集群化协同组网、体系化联合作战"需求，实现各任务规划系统之间的协同规划和信息统一处理，并解决各军兵种武器装备任务规划系统独立发展所带来的重复建设、维护保障困难等问题，多军兵种统一的通用任务规划平台是未来发展的必然趋势。

2. 从战前规划向战中实时规划发展

车载任务规划系统对实时性具有较高要求，由于其独有的作战特点、城市巷战作战样式和区域反恐救援任务等因素，在作战运用过程中经常会遇到战场实时任务规划、系统临机决策的情况，这势必要求车载任务规划系统从战前规划向战中实时规划发展。实时性是车载任务规划系统最大的特征，同时实时性也对任务规划系统架构、运行机制、计算模型、决策模型等诸多要素提出了新的挑战。

现有任务规划系统由于作战需求和作战使用对实时性要求不是很高等因素，在技术体制和业务模型方面距离陆军坦克装甲车辆作战的要求较远。同时，未来的集群化协同组网和体系化联合作战对实时性提出了更高的要求，所以如何在满足单一作战单元实时性的基础上实现多作战单元、不同种作战单元的实时规划是车载任务规划系统必须解决的问题。

3. 从支持装备平台独立作战向支持联合作战发展

未来陆军装甲车辆作战必将是多平台的协同作战，同时也必将发展成为多军兵种多武器装备平台联合的协同作战样式。因此，对新一代坦克装甲车辆作战系统的任务规划系统提出了两大要求：单独支撑单元作战样式，同时预留与上级任务规划系统的接口，以模块形式配属于联合作战大系统；独立拟制作战计划，同时协同支援部队，如陆航部队、炮兵防空兵部队等其他军兵种，进行联合作战计划的拟制与协同。

未来新一代坦克装甲车辆作战系统在实现单元独立作战的基础上将实现集群化协同作战的能力。车载任务规划系统将是支撑该能力实现的核心抓手，可解决多单元集群作战、多军兵种主战武器和作战平台的联合运用问题。任务规划系统重点解决联合作战过程中多（种）武器平台的联合作战使用和战术应用以及多军兵种与火力协同运用问题，达到各类作战单元之间的信息共享、优势互补和协调运转，实现各种作战力量的综合运用。依托技术架构统一的平台级车载任务规划系统实现向联合战役级的发展，开展涉及多武器多平台协同作战、火力与兵力协同运用的联合任务规划系统论证和研制工作将成为未来任务规划发展的必然趋势。

3.2.3　关键技术分析

1. 多任务载荷规划技术

分别针对侦察、侦察打击一体化、救援、反恐防暴等典型的单一及组合的任务类型，设计多种任务载荷优化配置算法，在任务规划系统中实现针对不同任务的自动化配置任务载荷类型、载荷参数实现自动化配置和多目标分配等功能。

2. 系统路径自动规划技术

开发行驶路线自动规划算法，实现在预知地形环境下的自动路线规划；针对城市等特殊应用环境，开发在线实时路线规划算法，实现坦克装甲车辆作战系统在复杂环境下的自动避障和安全行驶。

3. 复杂环境下地面无人车的路径规划

地面无人车所处的环境比无人机更为复杂，其运动空间约束限制也因此比无人机复杂。研究适用于复杂地形的地面建模和路径搜索速率快、安全性高的方法算法，解决无人车在地面环境的路径规划问题。

4. 火力协同任务规划技术

在复杂的战场环境中，战场双方交战态势动态变化，不仅要求规划结果能够考虑到参战因素的协同能力，还要求考虑其动态响应能力。兵力与火力协同规划技术主要包括两部分内容，即协同打击与协同约束检查。

5. 侦察协同任务规划技术

根据复杂场景下任务需求，研究参战实体在未知环境中的搜索侦察技术，主要包括车辆、无人机探测环境的地图构建与协作侦察技术等，建立各装备实体分层认知地图模型，在认知地图的基础上实现多角色分配以及行为进化，实现未知环境探测的协同优化探测。

6. 车辆系统任务规划通用建模技术

装甲车辆作战系统任务规划技术所涉及的装备、战术等要素，具有类型多、数量大、描述复杂等特点，如何将这些要素进行规范化表达，并构建通用模型，是在通用任务规划平台上进行快速定制与实现的需要，也是任务规划技术的发展方向。

7. 基于通用任务规划平台系统集成技术

车辆系统任务规划技术在通用平台方面将重点开发面向坦克装甲车辆系统的通用平台，最终实现能够与全军一体化指挥平台相兼容的、具有陆军作战特色的任务规划平台。

目前的通用任务规划平台支持二次开发，但是还没有专门面向坦克装甲车辆系统领域的相关版本，因此借助对基于通用任务规划平台系统集成技术的研究着力对原有平台系统进行通用平台的技术升级，形成新的技术特征，以适应后续坦克装甲车辆系统的任务规划需求。在业务逻辑上细分规划粒度，从不同层次定义规划功能接口，以满足后续的系统扩展性和对外接口的通用性；在地图显示层面，充分考虑坦克装甲车辆系统作战涉及的兵种、兵力、武器装备众多，地图标绘困难等特点，从地图显示和业务提炼两个层次减轻系统负担。

|3.3　辅助决策技术|

3.3.1　多传感器协同管控技术

3.3.1.1　概念

随着平台中心战向网络中心战的转变，坦克分队协同作战成为一体化联合作战背景下的主要作战模式。坦克分队协同感知是实现协同作战的前提和基础，但是当前复杂多变的战场环境存在电磁信号密集度高，威胁目标呈多层次、多方位和纵深饱和攻击的特点，单一和分立的坦克传感器在作战使用上难以满足任务需求。具体体现在：①有限的传感器资源，只能为有限的目标服务；②复杂和高度动态的战场环境，导致传感器对目标的探测感知具有很强的不确定性；③不同类型的传感器能力不同，适用于不同的任务，随机发生的传感器故障或干扰会导致任务失败。因此，为了更好地完成任务，打破各传统设备的条块分割界限，将相应的传感器资源集中管理，图3-7所示为该协同感知系统示意。

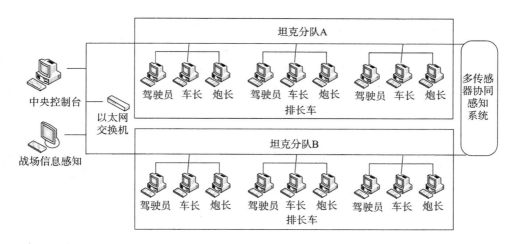

图 3-7　坦克分队协同感知系统示意

坦克分队是指以坦克为主体装备，配套指挥车、侦察车、通信指挥车等组成的战斗分队。在未来作战中，坦克分队将在基于信息系统的一体化联合作战体系中实施地面机动突击、目标机动防卫、区域稳定控制、体系作战,担任一体化信息系统的陆基栅格节点。坦克分队中车辆的主要电子设备包括传感器系统、作战指挥控制系统、武器系统和通信系统等,其中传感器系统是坦克分队执行作战任务的"眼睛",传感器系统的结构是否合理,关系到其探测和侦察能力的发挥。由于坦克分队具有机动性,其装备的传感器具有多型性、多样性,传感器能力具有针对性和互补性等特点,因而通过对传感器系统的综合管理、优化组织和协同探测控制,可以充分发挥传感器系统的能力,提升对目标的探测、跟踪和识别能力,对提升坦克分队协同作战能力起着重要的支撑作用。

亟待解决的主要问题是多传感器协同感知技术(图3-8给出5个传感器的协同感知示意)。本节介绍的协同感知是根据多样化作战任务探测需求将多种坦克分队平台上部署的多样化传感器,依据一定的协同准则进行优化组织、协同控制,以得到探测跟踪的最佳性能、提升目标捕获概率和精度、改进目标的跟踪质量。坦克分队的协同感知是逻辑上的功能系统,其主要任务是进行战场态势协同感知,为指挥控制提供高质量的情报源,实现信息共享、态势共享。从战术层面看,坦克分队的协同感知是以作战任务为驱动、指挥控制为中心的动态实施过程。

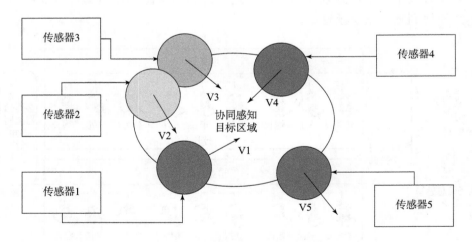

图3-8 坦克分队的协同感知示意

3.3.1.2 传感器信息管理

协同探测传感器信息管理的作用是为协同探测任务规划、组织管理和操作控制提供所需的基础信息和知识的描述,主要包括如下3种信息的管理。

1. 传感器静态信息管理

静态信息主要用于传感器任务的预先分配约束。根据作战任务分配传感器时，通过传感器与任务、保障区域和目标特点的适配性，结合传感器能力分析模型选择合适的传感器。

2. 传感器协同控制规则管理

协同控制规则主要表现在任务分配过程中尽量减少相互影响，充分发挥协同探测优势，避免不适应环境对传感器使用的影响等经验知识、规则，为实现对传感器的协同探测提供合理的调配准则。

3. 传感器动态信息管理

传感器动态信息主要为传感器以任务和工作状态为主体的任务日历信息，用于传感器任务的冲突消解，为冲突消解提供动态调整所需的信息，并对调整后的任务和状态进行实时更新，以便下次任务调整和冲突消解提供依据。传感器资源日历示例如表 3 - 1 所示。

表 3 - 1　传感器资源日历示例

检索号	所属平台	传感器	当前任务	任务开始时刻	任务结束时刻
1	主战坦克	毫米波雷达	警戒	11：00	13：00
2	主战坦克	CCD	跟踪	12：00	13：00
3	主战坦克	红外热像仪	警戒	11：30	14：00
4	步兵战车	激光照射器	告警	11：20	11：30
5	侦察机	毫米波雷达	侦察	11：00	15：00

协同探测信息管理是基于数据库进行的，主要包括如下两项关键技术：

（1）传感器管理信息数据库构建技术。针对装甲车辆分队传感器特点，分探测类传感器和防护类传感器进行数据库表的设计，对静态信息、动态信息和协同控制规则进行相关字段的设计和定义，构建传感器信息管理数据库，以方便查询和存储。

（2）传感器协同控制规则知识化技术。研究面向探测和防护等多样化任务下的传感器协同规则知识化描述方法，利用规则描述语言对传感器协同规则进行统一描述，以方便查询和存储。

3.3.1.3　协同探测组织管理

如图 3 – 9 所示，协同探测组织管理的目的是对跨平台探测资源进行组织管理，在保证作战任务要求的前提下，进行传感器目标分配、传感器交叉引导、探测效能评估，保证协同探测的完整性、稳定性、准确性、及时性，提高情报感知的可靠性。

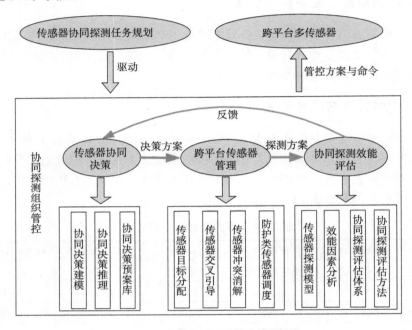

图 3 – 9　协同探测组织管理技术框图

1. 跨平台传感器管理技术

传感器资源管理起到感知任务需求与探测资源间的映射作用，通过资源管理，可在现有传感器资源条件下实现探测能力最大化。在协同探测体系中将坦克装甲车辆分队跨平台的所有传感器融为一体，需要重点研究传感器目标分配技术、传感器交叉引导技术、传感器冲突消解技术、防护类传感器智能调度技术，实现跨平台主/被动传感器、同/异类传感器协同管理，以达到基于任务的传感器组网应用目的。

2. 智能化传感器协同决策技术

对坦克装甲车辆分队跨平台多传感器的自动化协同控制是协同探测的最终

目标，取决于指挥控制的决策水平，要求指挥控制必须具备智能化的决策能力。专家系统、知识决策等人工智能新技术很早就被国外军队引入军事辅助决策中，需重点研究基于规则的传感器协同决策技术，为传感器协同探测自动化提供技术支撑。

3. 协同探测效能评估技术

协同探测对作战组织的贡献，不仅体现在提高信息质量、指挥员认知等层面，更重要的是不同的陆战战场环境下不同的协同探测方式对作战效果的影响。本质上，协同探测不是指挥控制的目标，而是实现作战探测任务的手段。因此，指挥控制系统必须具备协同探测效能评估技术，建立有效的协同探测协同度量模型和指标，进行协同探测效能评估，形成闭环。

3.3.1.4 协同探测操作控制

协同探测操作控制是指根据协同探测组织管理的决策命令对各平台同/异类传感器资源进行控制调度，时域控制、频域控制、空域控制、数量控制以及多域综合控制等执行协同探测作业，对传感器资源使用状态和任务执行过程进行监控，从而实现编队探测系统在合适的时间选择合适的传感器对合适的目标进行探测。

1. 时域协同控制技术

通过综合考虑目标优先级、事件预测、传感器预测、传感器控制策略等因素，研究对传感器时域协同的精细化控制方法，对每个传感器的开/关机时间进行控制，并根据精确目标捕获提示控制多种传感器，以实现传感器时间资源的协同控制。

2. 频域协同控制技术

为了防止敌方电子侦察或者降低坦克装甲车辆分队内部各个传感器之间同频异步干扰以及瞄准式干扰，需研究陆上电磁频谱资源控制技术，对电磁频谱资源进行合理筹划、科学调配，以实现在作战过程中多平台多传感器在动态的电磁环境下协同工作。

3. 空域协同控制技术

根据坦克装甲车辆分队内各个平台的几何拓扑结构、传感器探测威力、传感器类型，以及最大的覆盖范围、对目标最小的漏情率等因素，研究多传感器

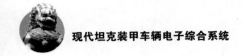

空域协同方法，对传感器覆盖进行合理规划，以提高多传感器协同探测能力。

4. 数量协同控制技术

通过对形成的复合航迹质量判定，根据质量的反馈可以做出参与协同探测传感器数量的调整。研究多传感器数量协同技术，对各平台传感器进行协同控制、最优组合，通过不同数量传感器的组合控制改善探测跟踪的最佳性能，改进目标的跟踪质量。

5. 工作方式协同控制技术

陆上作战平台装备的多种探测型传感器具体工作频段和工作方式均有所不同，所具备的性能指标也有较大差异。研究多传感器工作方式协同技术，通过控制每个传感器的工作方式，包括远、中、近工作方式，全空域和分空域探测工作方式，抗干扰工作方式等，可以完成多种工作方式协同，实现协同探测。

3.3.2 目标威胁判断技术

3.3.2.1 概念

随着战场复杂度和现代信息化水平快速发展，坦克装甲车辆打击过程的自动化需求越来越迫切。威胁评估是军队指挥自动化系统的一个重要组成部分，它对指挥员准确地判断敌情、正确部署、调整和使用兵力有着举足轻重的作用。现代战争，基本上是高技术条件下的局部战争，战争的突然性增加、战场空间扩大、信息量剧增、情况瞬息万变，这些无疑增加了现代战争的难度。

当前，可以利用多传感器技术、多基地雷达对战场进行全方位、多层面的侦察，从而实现从不同侧面、不同层次发现目标。如何处理来自多传感器系统的战场目标属性信息，用以对战场目标进行准确的威胁评估，从而实现我方武器平台的最佳火力分配，是当前自动化作战、自主作战研究中急需解决的问题。

在具体的战术环境下，凡是对我方能造成损伤、击毁后果的敌方目标，都是对我有威胁的目标。给予每个威胁的紧迫性和严重性以某种数值量的描述，称为威胁程度。利用威胁程度的数量指标，可以区分多个目标威胁的轻重缓急，为决策者提供决策的数量参考。威胁评估是根据上级的作战决心、作战预案和保卫要地（地域）的性质，综合考虑来袭目标多种特征信息，预测来袭目标对我方威胁程度大小的一种方法。

3.3.2.2   国内外研究现状

1. 国外研究现状

国外对威胁判断问题研究得比较早，并提出了威胁评估的概念。美国国防部实验室联合领导机构（Joint Directions of Laboratories，JDL）在 1991 年描述了用于威胁评估的数据融合多级处理模型。根据该模型的描述，态势估计是建立关于作战活动、事件、时间、位置和兵力要素组织形式的一张视图，而威胁评估则是利用态势估计产生的多层视图定量估计威胁的程度。它融合了态势估计的结果，是对战场态势进一步抽象的估计。在实际的数据融合协同中对态势估计和威胁评估的划分并不是截然分开的，其中态势估计是通过识别敌方的行为模式来推断敌方意图，并对临近时刻的态势变化作出预测，而威胁评估是根据态势估计所提供的信息，依据一定的知识和规则，指示出态势中存在的威胁目标及威胁太小。

国外态势和威胁评估（Situation and Threat Assessment，STA）技术发展比较迅速，在 STA 理论或系统结构的研究方面取得了很大进展。Antony 给出的 STA 功能示意图有力地说明了 JDL 模型中高层融合的相关概念及功能，该图指出威胁评估要判断敌方的作战目的、能力和威胁等。Lambert 进一步深化了 STA 相关概念，他认为二级融合式基于 Wittgenstein 的"事实的世界"哲学思想，这里"事实"是指实体之间的关系，是实体属性之上的概念。Jean Roy 在 Llinas，Endsley 及 Lambert 等人研究的基础上，统一了高层融合的相关概念，针对从军事需求到作战计划执行的全过程，阐述了威胁分析的基本原理。他将威胁分析分解为内在威胁计算和实际风险估计两个子过程。前者量化在不采取任何防御措施的情况下，对方行动所造成后果的内在威胁或威胁水平；后者在前者的基础上，试图量化避免或击败各个威胁的难易程度。

国外较为典型的 STA 系统有：美军提出的基于期望模板战场情况准备多传感器融合系统、模式类态势识别系统、基于计划模板的态势辅助系统；英国海军研究院研制的态势评定和威胁判断演示器、空战中的单平台多传感器态势估计决策模型及用于军事态势仿真和计划识别的 Multi-agent 模型系统等。这些系统都部分地实现了威胁评估的某些功能，它们的发展代表了对威胁评估问题研究的过程。

2. 国内研究现状

国内对威胁判断的研究虽然起步较晚，但随着对指挥自动化系统的高度重视，及通过借鉴 JDL 数据融合模型，对威胁判断的概念和功能结构还是有了大体一致的认识，取得了一定成果，从而也带动了这方面的发展。

将描述对抗损耗的方程应用于数据融合系统的威胁判断层次，从宏观角度分析了多传感器系统在作战中跟踪目标的模式，建立了相应模式下的 Lanchester 对抗损耗微分方程，从而可根据态势做出威胁判断。结合现代防空作战特点和指挥自动化系统的工作过程，对影响目标威胁判断的各种因素进行了分析，并讨论了常用威胁判断方法的缺点和不足，依据多属性决策理论和方法，提出了基于多属性决策的目标威胁判断排序模型。结合战场威胁判断的实时性、重要性，定义了模型的数据仓库，构造了基于数据仓库的目标威胁判断模型，并建立了目标威胁判断的星型数据组织模型，提出了基于最大隶属度的目标威胁判断与排序法，其主要思想是对目标威胁程度及影响目标威胁程度因素进行定性分析的基础上给予量化处理，从而获得因素权重信息完全未知或只有部分权重信息的不确定多因素决策问题的方案排序，即地空导弹将要拦截的目标威胁程度的排序。根据多属性决策理论和方法，提出了一种目标威胁判断方法，建立了目标威胁判断的数学模型，并通过示例介绍了威胁判断的求解过程。对影响目标威胁程度的各种因素进行了分析，利用模糊集合评价等理论和方法，给出了进行威胁判断的因素和评价集，建立了相应的数学模型，叙述了进行威胁判断与排序的方法、步骤和一般准则。结合神经网络技术，提出了基于 BP 神经网络模型的威胁判断模型，利用神经网络良好的自适应能力和自学能力，通过样本数据训练，提高威胁判断算法的准确性和适应性。重点对威胁判断中的威胁级别判断进行了研究，提出了基于非线性结构的威胁因素对威胁级别的树形权值分配法，给出了各威胁因素隶属度的确定方法和计算模型。将专家系统理论应用于防空指挥控制系统，建立了基于专家系统的目标威胁判断模型，该模型引入了自学机制，可以自动获取并完善知识库中的知识，智能判断不同类型目标的威胁级别。但这些方法多数尚处于原型、模型阶段，目前还没有统一的理论和度量方法。

3. 主要方法及存在的问题

目前，国内外对威胁评估已经进行了许多探索性的研究，主要采用的理论、方法分为两大类：一类是基于数学解析模型的定量计算方法，如多属性决策理论、对策论、案例推理、时空推理、工作域方法等。这类方法的特点是计算快速简单，其中多属性决策理论是迄今应用最为普遍的一种方法。另一类则是基于人工智能理论的定性推理方法，如模糊逻辑方法、贝叶斯网络、人工神经网络、知识推理方法等。这类方法多需要引入专家知识构建规则或推理网络，其主要特点是推理过程与人类思维相似。近年来，这类方法已成为威胁评估的研究热点。

1）多属性决策理论

多属性决策理论又称为有限方案多目标决策，其应用的首要问题是确定决策方案集和属性集。每个威胁目标可被看作一个备选方案，多个威胁目标就构成决策的方案集，而威胁要素则构成决策的属性集。然后，利用层次分析法等建立目标威胁评估模型，得出决策矩阵，通过某种偏好集结方法对各方案即目标威胁程度进行排序。该方法的优点是能够综合考虑定性与定量的威胁要素信息，计算过程简单快速，但在决策过程中需要确定属性的权重，受主观因素影响较大。因此，要求使用者对威胁评估问题的本质和威胁因素的内在关系十分清楚。它经常与模糊逻辑方法、知识推理方法等结合使用。

2）模糊逻辑方法

由于威胁评估中需要考虑一些定性指标，所以这些指标通过语言变量描述，往往具有模糊性。但它可以通过许多定量的威胁因素综合计算结果来进行转换，即利用隶属度函数将战场信息模糊化处理，得到定性的表示，然后根据特定的模糊规则进行推理，并去模糊化得到威胁等级定量表示。该方法的处理过程类似人类自然语言推理。其优点是能够对定量和定性指标进行统一的处理与表示，容易理解和解释推理过程；难点是隶属度函数的选择，以及如何建立适当的模糊规则。

3）贝叶斯网络方法

贝叶斯网络也称为置信网络、因果网络，是基于概率分析和图论的一种不确定性推理模型。推理模型采用网络描述事件和假想之间的相互关系，以条件概率矩阵描述节点之间的关联程度。根据模型，可以从观测到的事件出发，逐层推理，最终得到假想的威胁状态。该方法的优点是可以反映威胁源评估的连续性和累积性；缺点是它需要提供多方面的先验知识和后验知识才可进行推理，并且网络结构的建立一般都是离线的，缺乏有效的依据。

4）人工神经网络方法

一般采用前向神经网络，它具有良好的自适应能力、自学习能力和高度线性和非线性映射能力。它主要根据所提供的实例数据，通过学习和训练，找出输入与输出的内在联系，从而求取问题的解。它具有一定的自适应功能，能够处理那些有噪声或不完全的数据，具有泛化功能和很强的纠错能力。同时，它由于是一种并行分布式处理方法，所以速度较快。但是神经网络结构的选取和收敛性分析还缺乏一定的理论依据，并且难以对推理过程给出解释。

5）知识推理方法

该方法在威胁评估领域的应用还处于试探阶段，一般采用专家系统结构来解决威胁评估问题。首先，采集领域专家提供的关于战场威胁的经验判断知识，由认知学专家对其进行整理，通过一定的表达形式转换成计算机语言，构建战场威胁知识库。然后，通过推理策略，根据获得的威胁源信息运用专家知识进行推理，并在必要时向用户提供解释。它的难点在于知识获取和知识的表示。其优点是充分利用了丰富的专家经验知识，对问题的推理过程能够提供良好的解释机制，有利于人机交互。如果能够采用合理的知识获取和表示方法，并结合其他威胁评估理论，那么它将是一种非常有前途的方法。

上述威胁评估的理论、方法各有所长，将其应用于坦克装甲车辆分队目标威胁评估与抗击分析中，则存在一个问题，即忽略了战场不确定性对威胁评估的影响。在现代战争中，敌方会针对我方实施各种干扰、拦截、欺骗等战术措施，即便我方具有很强的情报信息获取能力，也无法保证能够获取所有必要的确定的威胁源信息。因此，很难对战场威胁做出有效的判断。战场信息的随机性和模糊性使得战争中的不确定性大大增强，这也使得单一的威胁评估方法难以处理这类信息。

本书在研究坦克装甲车辆协同分队多目标威胁评估方法时，提出了一些新的研究思路和方法，用以解决上述问题。具体方法和内容将在后续章节展开说明。

3.3.2.3　目标威胁等级划分研究

1. 威胁等级含义

考虑到综合防御作战的实用性与方便性、模型处理的可行性与实时性、指挥员的思维习惯等因素，来袭目标的威胁等级不宜划分得过细、过繁，划分3级较合适，即强、中、弱。

1）强威胁级

简记为一级，战术含义是目标威胁程度较高、防御时间紧迫，应立即对其采取防御措施。

2）中威胁级

简记为二级，战术含义是目标的威胁程度适中，防御时间较充分，或者虽然威胁程度较高，但与一级目标相比有足够的防御时间。对此类目标根据其类型、防御火力资源等因素，立即采取防御措施或暂时等待。指挥员对二级目标应有足够的警觉。

3）弱威胁级

简记为三级，战术含义是目标的威胁程度较低，有充足的防御时间，短时间内无须对其采取防御措施。

2. 威胁判断区域划分原则

1）近程打击威判区

近程打击威判区是坦克装甲车辆协同分队近程火力作用范围内的区域，是区域近程防御的主要区域。该区域目标威胁程度相当高，防御时间相当紧迫，无过多时间进行目标性质判别和攻击企图分析。该区域是敌方目标的禁入区域，目标威胁等级为一级。近程打击威判区的界限是从其近界 $D_{打-min} = 0$ 到其远界 $D_{打-max}$ 的圆形区域。

2）中程抗击威判区

中程抗击威判区是坦克装甲车辆协同分队防御火力作用范围以内的区域，是坦克装甲车辆协同分队防御作战的主要区域。该区域可获得的目标信息较丰富，目标威胁很紧迫，需要按坦克装甲车辆协同分队作战的要求，划分目标来袭的方向，并尽可能精确地量化判断目标各来袭方向对坦克装甲车辆分队威胁程度的高低，以及各来袭方向内各批目标威胁程度的高低。进入该区域的目标根据威胁等级划分计算获得威胁等级结果。

3）远程警戒威判区

远程警戒威判区是坦克装甲车辆协同分队防御火力作用范围以外的区域，是远程防御作战的主区域。该区域可获得的目标信息较少，威判精度需求不高，主要任务是对目标的性质进行判别，以及分析目标的攻击企图，或必要时进行坦克装甲车辆分队预先机动，为形成有利的防御态势打下基础。该区域近界为抗击威判区的远界 $D_{抗-max}$，其远界受限于探测手段可探测到的最大距离。进入该区域内的目标威胁等级一律作为三级。

3.3.2.4　目标威胁因素研究

目标是否对坦克装甲车辆产生威胁以及产生威胁的大小，完全取决于两个方面：一是目标的打击能力；二是目标的打击意图。目标的打击能力主要是由目标本身所固有的火力性能（火力威力与火力机动性），以及某一时刻目标的射击参数（射击距离等），即影响目标火力性能发挥的一些外在客观因素所决定。目标打击意图是指目标实施打击行动的可能性，判断是一个主、客观综合的过程，必须由主体根据目标的动向进行判断。这就需要确定威胁评估影响因素和威胁算法来进行评估。

　　威胁评估中威胁因素的准确度对评估准确度有至关重要的影响。评估因素指标是否合理恰当直接关系到目标威胁评估的准确性，应根据目标的属性、形态以及影响其对我威胁大小的因素，建立科学合理的威胁评估因素指标，而后选用相应的评估模型，进行建模求解，从而实现目标威胁评估的自动化。

　　因素指标选取应坚持以下原则：

　　（1）完整性，要尽可能全面地反映出影响目标威胁的各种因素。

　　（2）可运算性，即各指标能被有效地用到随后的分析中。

　　（3）可分解性，即通过指标的建立可将决策问题分解，以简化评估过程。

　　（4）无冗余性，即评估指标中各指标要反映影响目标威胁的不同方面，各指标不重复描述问题的同一方面。

　　（5）极小性，即不能用更少的指标集合来描述威胁评估问题。

　　一些文献采用了3层评估模型，即将评估模型设置为3层结构：第一层为基础指标层，即对目标指标进行归一化处理；第二层为判断层，即依据基础指标得到目标命中概率、杀伤能力以及攻击意图；第三层为综合层，对3个方面加权得到目标威胁度。命中概率、杀伤能力和攻击意图构成3个判断因素，每个判断因素都由多个指标决定，如图3-10所示。

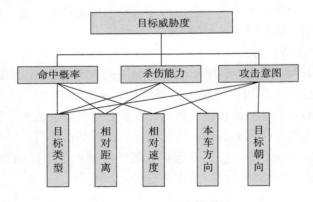

图3-10　三层威胁评估模型

　　该模型将第一层基础因素指标通过加权计算得到第二层判断层中描述的命中概率、杀伤能力和攻击意图，再由第二层中的3个判断因素进行加权得到目标威胁度。该模型第二层的各个判断因素之间存在交叉重复的第一层基础因素，会造成重复描述问题的同一方面，即不满足无冗余性要求。

　　本章采用简单的树形层次结构处理坦克装甲车辆协同分队多目标威胁评估问题，将模型各个因素看作完全独立，评估结果由各个因素加权得到。评估模型如图3-11所示。

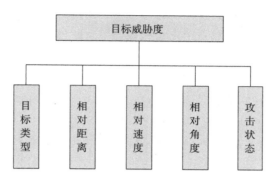

图 3 – 11　树形威胁评估模型

威胁评估因素得到确定后，每个因素都用一个值来表示威胁程度，为消除不同物理量纲对决策结果的影响，需要把有量纲的各个特征参数映射到 [0，1] 区间，以此反映各个特征参数的信任度。这一映射过程通过隶属度函数来实现，根据参数的变量类型（离散型、连续模拟型）可采用不同的隶属度函数。

1. 目标类型

目标类型决定了目标本身所固有的火力性能（火炮口径、弹丸威力、首发命中率和战斗射速、破甲厚度，发现、捕捉、跟踪和瞄准目标性能等），进而体现其打击能力。目标的打击能力是特定对象的，反坦克导弹对坦克的威胁大而机枪对坦克的威胁小，但对单兵而言，可能反坦克导弹的威胁并没有机枪的大。可见，目标对其威胁也受目标类型对其指向程度的影响。例如，在反装甲武器中，专用反装甲武器就是专门指向装甲武器平台的，而兼用反装甲武器对装甲武器平台的指向性就没有专用反装甲武器那么强。因此，同等条件下专用反装甲目标对其坦克威胁比兼用反装甲目标甚至一般目标要大。目标类型决定了其坦克的指向性，从而也影响其威胁程度。不同类型的目标对坦克的威胁程度显然各不相同。目标类型对威胁的影响作用可以通过目标的战斗效能来考察。

2. 相对距离

相对距离为某时刻敌我双方距离与敌方目标的有效射程之比。在以往威胁评估中，都将双方距离作为指标之一。对于相同类型的目标，在不同的距离上由于命中概率变化较大，对我方坦克装甲车辆的威胁确实不同。但是对于不同类型的目标，距离越近的威胁不一定就越大。因此，单纯考虑双方距离而不考虑目标本身的有效射程的做法与实际不相符，还应结合其自身的有效射程来考虑。相对距离的概念，把双方距离与有效射程之比作为一项指标，来衡量实际距离所占武器有效射程的份额。该项指标的值越小，说明目标发挥效能的程度越充分，威胁也就越大；反之则越小。选取相对距离隶属度函数为偏小型的降半正态分布函数，其数学公式如下：

$$d = \frac{d_{敌我距离}}{d_{敌射程}}, u(d) = \begin{cases} 1, & 0 \leqslant d \leqslant a \\ e^{-k(d-a)^2}, & a < d \leqslant 1.5 \\ 0, & d > 1.5 \end{cases} \qquad (3-1)$$

式中，$k = 10^{-8}$；$a = 0.2$。

3. 相对速度

相对速度是指敌我双方单位时间内相对位移的大小。"相对速度"这一因素对目标的命中概率影响较大，如 M60A3 坦克停止间对 2 000 m 距离上固定目标的首发命中概率达 90%，即在相对速度为零时，M60A3 坦克对 2 000 m 距离上目标的首发命中概率达 90%，但不适于行进间对运动目标射击。那么如果在某一时刻，在同一距离上同时出现两辆 M60A3 坦克，一辆静止，一辆高速运动，显然可知静止的 M60A3 坦克威胁要大得多。坦克装甲车辆等目标在行进间的命中概率都要较停止间低。各种反装甲目标，在同等条件下，双方的相对速度越大，命中概率就越低，威胁相应也就越小。

相对速度为 $v_{敌} - v_{我}$，$v_{max} = [v_{敌}, v_{我}]$，相对速度比为

$$u(v) = \frac{v_{max} - (v_{敌} - v_{我})}{v_{max}} \qquad (3-2)$$

比值越小则对我方威胁越小，比值越大则威胁越大。

4. 攻击状态

某一时刻目标的打击意图在很大程度上决定了其威胁程度。如果目标正在进行瞄准射击，目标的射击意图确定无疑，那么目标的打击能力有多大，威胁就有多大；如果敌方坦克正转移火力准备进行打击，则其目标射击意图存在，即将要进行打击，但与正在打击的目标相比，情况的紧急程度要稍弱；如果我方暂时不处于敌方目标的有效射程范围之内，敌方暂时不会进行打击，则其目标的射击意图最弱。本书定义攻击状态为敌方目标的打击态势。反映目标的打击意图，是主、客观因素综合统一的一个因素，其中客观是指目标客观上表现出的一些动向、征兆，主观是指主体的判断。本书把攻击状态按照威胁程度由高至低的顺序依次分为 3 个级别，分别为一级攻击状态（正在打）、二级攻击

状态（准备打）和三级攻击状态（暂时不会打）。一级攻击状态表示敌方的打击意图最强，二级攻击状态表示敌方的打击意图一般，三级攻击状态表示敌方的打击意图最弱。

多目标威胁评估是复杂多类型多目标威胁估计问题。对于这种问题，难以建立数学解析模型以得到精确的威胁度数值解，而只能得到一个尽量符合实际情况的估计值。因此，采取定量分析与定性分析相结合的方法，首先根据作战对象可能的战术意图，将所有近距离威胁目标分为一级威胁目标（强威胁目标）、二级威胁目标（中威胁目标）和三级威胁目标（弱威胁目标）；其次建立威胁因素模型，分别计算单个目标对每个因素的威胁隶属度；再次，根据协同作战的目的要求及武器抗击目标的性能，在灰色关联分析方法中加入专家权重，定量与定性相结合，计算出综合关联度，得到每个一级或二级威胁目标对我方单车的威胁度；最后，根据协同区域作战中各平台的重要性和抗毁伤能力不同，结合上级指挥所下达的作战任务，为参与协同作战的每个单车给定其重要性权重，计算出各个目标对战车群的威胁度，并根据威胁值进行威胁排序。

3.3.3 火力分配技术

3.3.3.1 概念

随着现代信息技术的不断发展和充分利用，作战双方攻防整体作战能力不断提高，坦克装甲车辆攻防作战越来越呈现体系之间的对抗。包含主战坦克、支援装甲车辆、无人装甲车辆等平台的坦克装甲车辆协同分队作为一个整体参与作战，实施攻防的武器具有多种类型。多平台多武器火力分配的确定和优化，是影响协同分队整体作战能力的一个关键因素。坦克装甲车辆协同分队根据分队协同作战任务的特点，从整体性出发，通过各平台之间协同合作，优化使用主战坦克、支援装甲车辆、无人车等各平台武器资源，结合战场态势、目标威胁判断情况以及各平台的地理位置分布、武器装备性能、余弹量、禁危区等因素，确定对抗目标由哪个平台何种武器实施抗击，从而能有效实施武器拦截，充分发挥整个编队的作战效能。

武器目标分配决策是将确定的作战指挥程序与目标分配原则在指挥控制系统中实现，辅助指挥员制定战斗方案并对武器系统实施指挥控制。目标分配能在激烈复杂的战争环境中，减少人工决策的差错，提高指挥效率。目标分配是为了充分发挥各火力单元的整体优势，将空中目标在给定的约束条件下分配到不同火力单元的一系列决策过程，它是一个动态的、多因素优化分析的决策过程。在目标达到分配终线之前，对该目标的分配决策将一直进行，且随着目标

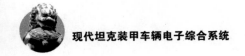

运动诸元参数、各火力单元的战技指标和射击准备状况进行动态调整。

3.3.3.2 国内外研究现状

1. 国外研究现状

对武器目标分配问题的研究集中在模型研究以及模型求解算法研究两个方面。武器目标分配问题由于较大影响着系统效能的发挥，所以备受关注。美国从 20 世纪五六十年代就开始了这方面的研究，并且取得了许多成果，但我国对这方面的研究较少。由于保密原因，国内外在这方面的研究资料大部分不公开，能参考的文献资料大多为定性分析或概括性论述。下面对武器目标分配问题的研究现状进行简要论述。

20 世纪 70 年代以前，对武器目标分配问题的研究主要集中于一些特定领域，如导弹防空领域中武器目标分配问题的研究，Samuel Matlin 对此作了概述。

20 世纪 80 年代，美国麻省理工学院的 Patrick A. Hosein 与 Michael Athans 对一般性的武器目标分配问题作了较为系统的研究。Hosein 等人提出了静态武器目标分配与动态武器目标分配的概念，建立了一般意义下的静态武器目标分配模型，解决了具有易毁 C^2 节点的武器目标分配问题。不过，有必要指出的是，Hosein 等人提出的动态武器目标分配的概念实质上是用动态规划的思想解决静态武器目标分配问题。

Lloyd 等人证明了武器目标分配问题是 NP 问题，说明求武器目标分配问题的最优解所需要的计算时间将随着问题规模的增加而呈指数增长。

美军国防分析研究所（Institute for Defense Analysis，IDA）自 20 世纪 90 年代以来一直致力于武器目标分配问题的研究。1999 年 8 月，IDA 提出了改进的武器优化与资源需求模型（Weapon Optimization and Resource Requirements Model，WORRM）。WORRM 是一个线性规划模型，考虑了武器的费用以及不同武器组合对目标的打击情况。随着 C^4ISR 在现代战争中的应用，IDA 提出将对 WORRM 进一步改进，建立 C^4ISR 环境下的作战资源分配模型（Engagement Resources Allocation Model，ERAM）。但相关文献中只是给出了模型的概括描述，没有给出模型的具体形式。

Deepak Khosla 指出了静态武器目标分配模型的问题，认为如果完全按照静态模型分配，有些武器则因为时间因素的限制，在实际作战中可能并不能投入战斗，从而需要额外对武器使用的约束进行分析处理。

求解武器目标分配问题，必须对武器目标分配问题算法进行深入研究。由于武器目标分配问题属于 NP 问题，许多学者致力于该问题算法解法的研究。在 20 世纪 80 年代以前，对武器目标分配问题的求解局限于传统算法，主要包括隐枚举法、分支定界法、割平面法、动态规划法等。这些算法较为简单，但编程实现时较为烦琐，当目标数增多时，收敛速度慢，难以处理维数较大的武器目标分配问题。此外，随着 20 世纪 80 年代之后计算机技术的发展，一些新的优化算法，如人工神经网络、混沌、遗传算法、模拟退火、禁忌搜索及其混合优化策略等，通过模拟或提示某些自然现象或过程而得到发展，为解决复杂问题提供了新的思路和手段。

Wacholder、Silven 及哈尔滨工程大学的朱齐丹根据 Hopfield 和 Tank 所提出的神经网络模型，提出了解决武器目标分配问题神经网络的解法及其改进算法，但采用梯度下降法的 Hopfield 模型容易陷入局部极小，且有时得不到稳定解，甚至网络不收敛。

Ravindra、Cullenbine 及我国学者李洪瑞分别将遗传算法（GA）、禁忌搜索算法（TB）及模拟退火算法（SA）用于解决武器目标分配问题。模拟退火算法的试验性能具有质量高、初值鲁棒性强、通用性好、容易实现等优点。但是为求最优解，算法通常要求较高的初温、较慢的降温速率、较低的终止温度以及各温度下足够多次的抽样，因而模拟退火算法往往优化过程较长。同样，遗传算法也存在搜索效率不高的问题。

Zne – Jung Lee 尝试用并行的蚁分队算法（ACO）及改进的遗传算法来解决武器目标分配问题。但对于武器数及目标数比较大的情况，仍然没有给出较为实用的解决方法。对于武器数 $W = 120$、目标数 $N = 100$ 的情况，Lee 采用改进的遗传算法需要 210.7 min，可以获得最佳适应度 173.324 1，而如果采用一般的遗传算法，则需要 335.3 min。可见，利用 Lee 改进的遗传算法来解决较大规模的武器目标分配问题所得到的结果与实际应用仍存在着较大的距离。

2. 国内研究现状

国内学者对武器目标分配问题的研究也主要是针对特定领域如防空导弹来袭目标分配问题的研究，而且所建立的模型也基本是静态武器目标分配模型。

哈尔滨工业大学的韩松臣教授提出了基于马尔可夫决策过程最优化的动态武器目标分配方法，并认为将动态武器目标分配方法求出的动态武器分配策略与静态武器目标分配模型结合可以在作战中对武器进行动态分配，但如何将此模型与实际应用结合起来，仍需进一步研究。

在火力兼容（火力冲突消解）问题方面，由于技术敏感，在相关国外文献资料中难以查阅到，且国内关于火力兼容的研究也较少。从查阅到的文献资料看，多平台火力兼容相关文献资料集中于舰艇编队火力兼容问题，这将对解决坦克装甲车辆协同分队火力冲突消解问题有所裨益。文献《舰艇编队防空火力射击冲突问题研究》建立了火力射界冲突分析模型，通过解命中计算等方法，确定舰艇编队中可以参与抗击来袭目标的硬武器；文献《编队箔条弹与舰空导弹武器火力兼容模型》和《编队协同防空作战中的电磁兼容判断模型》研究了舰艇编队箔条弹和舰空导弹协同使用时的火力兼容问题，并建立了相关的火力兼容判断模型；文献《水面舰艇防空反导火力兼容分析》提出了水面舰艇防空反导硬武器火力兼容使用原则，建立了火力兼容决策模型；文献《水面舰艇防空火力兼容问题》通过对舰空导弹、中口径舰炮和小口径舰炮使用时机与安全爆炸时间之间的关系进行深入研究，建立了舰空导弹与中口径舰炮火力兼容模型以及小口径舰炮与中口径舰炮、舰空导弹火力兼容模型；文献《防空武器协同火力兼容模型研究》基于防空武器系统协同抗击时可能出现的弹道交叉现象，根据防空导弹与火炮武器系统的火力兼容要求，结合对空域和时域特点的分析，建立了防空导弹与火炮武器协同使用时的火力兼容模型；文献《舰载主副炮抗击多目标协同使用研究》针对水面舰艇主炮和副炮分别抗击远近两批不同目标出现的火力冲突问题，根据武器弹道变化的速度特性，分析满足火力兼容的条件，得到了相应的火炮发射临界时间；文献《基于垂直发射武器的火力交叉判断模型》《垂直发射武器与舰炮武器火力交叉的判断》《基于垂直发射武器的火力兼容控制模型研究》通过建立垂直发射导弹的弹道仿真模型和垂直发射武器弹道散布体模型，解决了垂直发射武器系统与舰炮武器系统之间火力交叉的判断求解问题，提出了基于垂直发射武器系统的火力兼容控制的方法，并初步建立了一个相关模型；文献《箔条干扰与副炮系统战斗使用电磁兼容模型》采用系统分析方法，结合战术背景建立了舰艇箔条干扰与副炮系统电磁兼容判断模型；文献《舰载软硬武器协同反导兼容性问题研究》分析了舰艇有源干扰和舰空导弹、无源干扰和舰空导弹协同反导时的兼容性问题；文献《舰载防空武器系统协同使用的电磁兼容性分析》从时域、空域和频域3个方面对舰艇软硬武器电磁兼容性进行了分析，提出了舰载防空武器系统协同使用的流程图。

3. 主要方法及问题

为了有效求解武器目标分配问题，准确建立对应的数学模型是基础。一个合理的武器目标分配算法应具有以下特点：

（1）正确性。算法产生的解，即武器目标分配决策，要满足问题的时间和空间约束条件。满足空间约束条件时，每个武器/目标对（weapon - target pair）都存在一个武器射击时间窗口，它定义了该武器对该目标射击的最早和最迟时间，产生该武器目标分配的时间要早于最迟发射时间；不满足空间约束条件时，目标不进入武器发射区，对应的射击时间窗口长度为 0，武器不能被分配给该目标。空间约束和时间约束之间也是相关的。

（2）动态环境适应性。因为攻防不同时刻对抗目标数量、属性变化，且当前武器目标分配决策依赖于前一阶段的交战结果，所以目标武器分配具有动态性。分配过程是一个动态过程，其中被摧毁的目标会消失，新目标也可能出现，算法要能适应处理分配过程中出现的随机事件。当一个目标被消灭后，空闲武器应能立即被用于再次分配；当新目标出现后，算法要尽早对目标分配武器。

（3）实时性。算法应该在任意时刻被停止时都能输出一个合理解，以确保及时响应随机出现的紧急事件。这种特性也称为算法的任意时刻特性，即 Anytime 算法。在计算资源受限的情况下，Anytime 算法将确保对事件的及时响应。

（4）协同性。装甲车辆协同分队一般由主战坦克、支援装甲车辆、无人车等作战平台组成，各平台装载的武器多样，不同武器对目标毁伤程度、作战有效范围、作战准备时间以及消耗弹药量等情况都各不相同，且这些组成平台是运动变化的，不同时刻各平台地理位置、所处环境均有不同，多目标多武器分配将依据各不同平台的特点和状态做出最优的分配方案。

（5）相对稳定性。已确定的武器分配方案对于实施火力打击的指导，应保持分配结果的相对稳定，由于新对抗目标的出现而对武器分配方案的调整应保持最小化原则，以保证交战实施的有效。

在武器目标分配建模方面，以静态武器目标分配模型为基础建模动态武器目标分配模型是较为广泛的研究方法之一，其内容大体集中于以下 4 方面：

（1）模型的假设。对具体的动态武器目标分配问题进行合理抽象、建模。

（2）目标函数的选择准则。通常选取使防御方的资源损伤最小、总的武器数消耗最少，或敌方的潜在威胁最小或剩余目标数最少等作为基本准则。

（3）具体约束条件。通常考虑时间、空间及武器的种类及配置特点，武器与目标的数量关系，武器对目标的作战空域及毁伤概率，目标对我方威胁特性等因素，具体约束条件的选择决定了问题研究的复杂程度。

（4）时间因素的影响。由于实际作战态势是动态变化的，武器在射击过程中存在时间因素的限制，目标来袭的时间分布规律很难掌握，因此深入分析时间因素对武器分配过程的影响，能够正确有效地反映实际作战过程。

火力兼容（火力冲突消解）是作战中火力使用难点之一。目前研究这一问题的主要方法有：

（1）通过分析各种武器射界冲突，来判断舰艇防空硬武器火力兼容，并找出各种武器对来袭目标的可抗击射界，以避免火力冲突。

（2）建立各种武器弹道模型，通过计算任意时刻不同弹道间的距离来判断硬武器火力兼容，并通过增加射击时间间隔解决硬武器的火力冲突。

（3）从时域、空域和频域3个方面综合判断软、硬武器的兼容性，建立空域兼容性判断模型，根据箔条、红外、烟幕等软武器与平台、目标的实时位置来判断软、硬武器之间的火力兼容。

3.3.3.3　装甲车辆分队多平台多武器分配模式

根据各平台之间的合作形式，可以将坦克装甲车辆协同分队多平台武器分配研究归结为以下3类模式。

1. 基于责任区划分的坦克装甲车辆协同分队武器分配模式

该模式是一种典型的基于协议的协同机制。在该协同机制中，在目标出现之前，对整个坦克装甲车辆协同分队体系中每个平台都事先赋予一定的责任区，每个平台只需对其责任区中出现的目标制定相应作战方案。

责任区划分的方法，一种是基于栅格的划分，另一种是基于扇形的划分，如图3-12所示。在坦克装甲车辆协同分队体系中，责任区的划分采用基于扇形的划分方法是常用的分配概念。每个火力都预先分配了一个责任扇区，即方位角范围，进入这个扇区的目标都由该火力单元拦截。扇区的方位角范围，一般根据火力单元数量、部署的间隔和对抗任务要求决定。

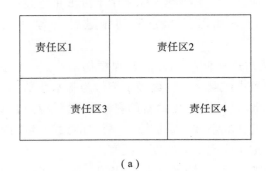
（a）

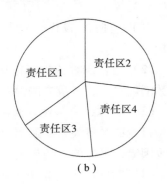
（b）

图3-12　责任区划分的方法

（a）基于栅格的划分方法；（b）基于扇形的划分方法

这种目标分配概念至少需要解决 3 方面问题：

（1）如图 3 – 13 所示，在目标分配时刻，目标 1、2、3 均在某火力单元分配扇区内，分配决策后，目标 3 的预测遭遇点却不在分配扇区内，则该火力单元不能对目标 3 进行拦截。为避免这种情况，预先分配的扇区应将遭遇点考虑在内。

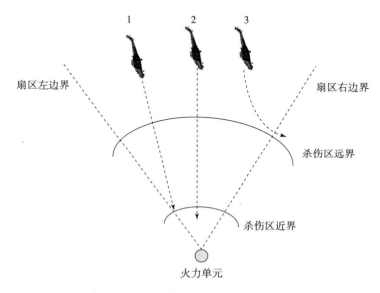

图 3 – 13　按扇区分配目标

（2）如来袭目标集中在一个扇区内，可能使该火力单元饱和，即它不能拦截扇区内所有目标。解决方法之一是快速调整扇区有效区域和邻近火力单元分配扇区，以增加对原扇区的火力，但必须使邻近火力单元与该火力单元杀伤区有重叠覆盖，才能达到上述目的。

（3）责任区边界的确定和维持是一个动态的过程。假如整个多平台对抗体系中的某个平台被摧毁，那么整个防御空间需要根据现有的平台重新划分。

基于责任区划分的协同机制有一个明显的特点，即几乎不需要通信。因此，在通信带宽非常小，或是通信几乎不能用的情况下，通过使用这种机制来协同具有明显的优势。

该模式主要是以平台为中心的作战模式，难以满足未来多平台协同对抗作战的要求。

2. 基于分布式指挥控制的坦克装甲车辆协同分队武器分配模式

在该模式中，坦克装甲车辆协同分队的武器分配方案由指挥车协调制定，各平台作为自主实体参与坦克装甲车辆协同分队武器分配决策，如图 3 – 14 所示。

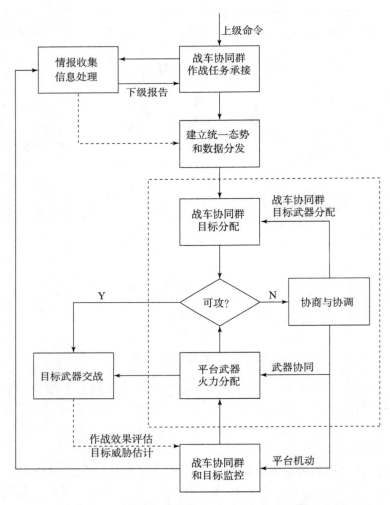

图 3 – 14　基于分布式指挥控制的装甲车辆协同分队武器分配模式框图

1）装甲车辆协同分队目标分配

根据作战任务特点，装甲车辆协同分队对可用资源进行估算，同时结合各平台的地理位置分布、可用武器性能、余弹量、禁危区等因素对目标进行武器优化分配。

2）平台武器火力分配

根据各平台作战的周围环境、武器工作状况、指定目标态势等实时监控状态信息，对指定目标进行武器的分配和火力通道的选择与组织。

　　3）协商与协调

　　通过各平台协商合理确定武器协同共用方案，把目标分配给满足武器可攻性条件的作战效能最大的平台，必要时指挥车可以进行协调干预，避免由于过多局部调整而引起的分配效率降低。如果经过调整仍无法完成作战任务，坦克装甲车辆协同分队可向上级部门请求友邻支援，把由于某种原因而无法完成的部分任务转交给友邻部队。

　　由于该模式的决策权力和决策能力随系统分布而分散，坦克装甲车辆协同分队目标武器分配方案的生成已经不是某个决策者或者自主实体所能单独完成的，必须考虑多决策者的协同问题。目前对该模式的研究尚缺乏成熟的理论指导。

3. 基于集中式指挥控制的坦克装甲车辆协同分队武器分配模式

　　在该模式中，坦克装甲车辆协同分队武器分配方案由协同分队指挥车统一制定，各平台只是提供自身的各种可用资源信息，并不参与坦克装甲车辆协同分队武器分配决策，如图 3 – 15 所示。

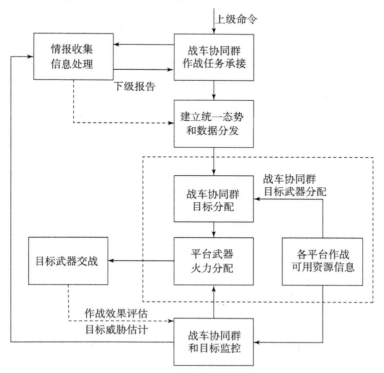

图 3 – 15　基于集中式指挥控制的坦克装甲车辆协同分队武器分配模式框图

1）装甲车辆协同分队目标武器分配

根据作战任务特点，装甲车辆协同分队指挥车对各平台提供的各种可用资源进行估算，同时结合战场态势、目标威胁判断情况以及各平台的地理位置分布、可用武器性能、余弹量、禁危区等因素对目标进行武器优化分配。

2）平台武器火力分配

接收目标武器分配指令，根据已分配目标的作战态势、平台周围环境以及武器工作状况对分配目标进行火力通道的选择与组织。

在集中式分队武器分配模式下，严格的中心控制作用十分强烈，几乎所有的指挥控制功能和信息处理功能都集中于指挥车上，分队内各作战力量都需要从指挥节点交换信息，信息由指挥节点向外辐射，指挥控制机构对分队内所有武器资源进行调配，对作战兵力实施集中控制和统一协调，这对于规范各种作战行动、保持作战的整体性、形成战斗合力具有重要意义。本书基于集中式指挥控制的坦克车辆协同分队武器分配模式，构建武器分配约束模型和优化分配决策模型，实现武器分配的效能优化，充分发挥整个编队的作战效能。

3.4 网络管理与控制系统

3.4.1 网络管理技术

3.4.1.1 概念

在信息系统的军事通信中，无线电、战术无线通信系统和卫星通信系统提供最基本的能力性。但是，随着作战样式的变化发展，特别是数字化部队建设的需要，军事通信中对个人的移动性、综合业务能力、网络的互通性以及跨战场连续覆盖的需要越来越迫切。另外，数字技术、通信技术、网络技术、卫星技术的新发展，又为战术通信网络智能管理提供了可能。军用移动通信具有综合抗干扰能力、信息的安全保密性、通信网络的机动性、通信系统和用户的移动性以及系统的顽存性、电磁兼容性、互联互通互操作性、新老系统的兼容性等特点。

随着战术通信网络设备的推陈出新，多种网络协议发展和网络服务的不断涌现，网络日益大规模化、异构化和复杂化，导致网络维护和管理难度不断加大，以往的管理方式已不能满足大型复杂网络的管理需要，因此网络管理的一个重要发展趋势是向智能化方向发展。

3.4.1.2　通信组织指挥

1. 通信组织规划

依据通信保障需求，结合通信资源使用情况，快速生成通信组织计划，对系统的通信要素和资源进行组织调度。

2. 通信态势呈现

对通信网络、业务应用、频率使用等多种信息进行汇总、分析和融合后，呈现统一的通信态势图表。

3. 通信策略调整

根据业务实际应用需求，调整业务、路由、用户等策略，下发至业务服务系统执行，保障信息的及时可靠传输。

4. 通信辅助决策

对数据进行分析并与知识信息库交互，提供决策方案评价、预测和选择方案，提高通信决策的有效性。

3.4.1.3　通信网络管理

1. 拓扑管理

实现从各专业通信子网网管采集网络信息，进行分析汇总、融合，形成能够集中呈现的统一的网络拓扑图。拓扑图能够标识无线网络拓扑的变化和移动节点的位置变化，支持基于图形化的网络拓扑显示和操作。

2. 故障管理

统一呈现各级综合网管、各专业网管以及设备的告警和故障信息，结合拓扑管理功能，实现多个专业子网或设备告警、故障信息的关联、分析和处理；实现告警、故障的诊断和综合，完成告警、故障的处理，评估影响范围，形成处理报告。

3. 配置管理

实现被管网络、专业子网、通信链路和设备参数的初始化、重新配置和恢

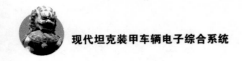

复管理功能。

4. 性能管理

实现被管网络、专业子网、通信链路和设备性能数据的采集、分析和统计，以及性能参数门限的设置。

5. 资源管理

实现通信网络、平台、链路、设备、信道、频率、IP 地址和号码等通信资源的统一定义和管理维护。

3.4.1.4 通信频率管理

1. 频率规划指配

根据频谱资源的规划和配置情况、通信网络及通信业务的频率使用要求，为通信系统制定频率使用方案，提出干扰频率预警信息。

2. 频管设备管理

全网短波探测站、监测站设备资源统一调配和部署，可自动组织实施探测、监测任务，完成频谱数据采集工作。

3. 频谱资源管理

汇总各探测链路获取的频率探测信息、无线电监测数据，形成区域性频率探测数据，保障通信网络的频率使用需求，支撑频率规划和频谱资源分配。

3.4.1.5 通信业务管理

1. 通信策略配置

接收业务、路由、用户等通信策略，进行策略的转换和配置，保障通信策略的响应和有效执行。

2. 业务态势监视

实时监控用户注册状态、业务传输路径、业务服务质量、业务告警等业务态势信息，以图形和报表形式呈现给用户查看。

3. 业务统计分析

实现业务信息的存储、查询和管理，支持业务信息的分析、统计和报表输出等功能。

3.4.2 网络控制技术

3.4.2.1 概念

网络控制按照管理与业务、控制与路由分离的技术体制进行设计，采用分层的体系架构。系统分层结构模型如图 3 – 16 所示，其由下往上分为业务控制、网络路由、信道接入 3 个层面。

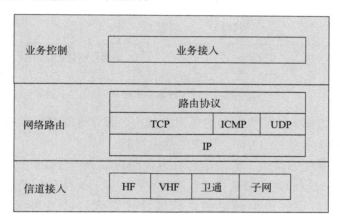

图 3 – 16　网络控制分层结构模型

3.4.2.2 网络路由

网络路由以路由表为依据，根据 IP 报文的目标地址进行数据的路由转发，重点考虑数据转发效率和支持不同业务类型的策略路由，主要包括路由表管理、静态路由、策略路由及数据转发等功能。

路由查找是数据转发的基础，基于路由表，引入路由缓存进行路由查找，提高路由查找效率，其查找过程如图 3 – 17 所示。

路由缓存根据上一次路由表的查找结果建立一张入口到出口的路由映射表，因此路由缓存项建立的是单个 IP 地址相关联项。

在路由表或者路由策略发生变化之前，路由缓存不发生变化。当然，路由缓存的垃圾回收除外。

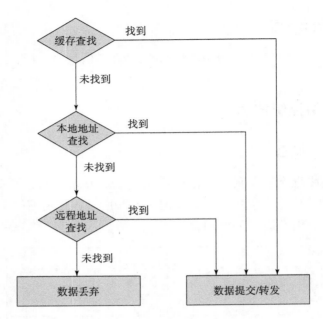

图 3 – 17   路由查找过程

路由策略方面，除了需要考虑通用的禁止、丢弃等策略外，还需要考虑基于业务类型的服务质量（QoS）需求的路由策略。

根据业务系统的类型，同时结合数据类型定义 IP 数据的优先级，例如指挥控制与综合保障的业务级别不同，而语音、视频、文件和短消息的传输要求也不同等。IP 数据的优先级被确定后要被标记到对应 IP 报文的服务类型（TOS）字段，路由时即可以根据该字段进行路由转发。

采用多路由表的方法实现策略路由，因为每次路由查找时可能要检查多个条件，主机维护多张路由表，根据特定的条件选择正确的路由表，可以更加快速便捷地找到路由。

3.4.2.3　业务接入

业务接入是各业务系统的通信接口，实现业务类型的识别及业务系统数据报文的接收与转发。

对于有明确接入协议的业务系统，可以根据接入协议准确地区分业务类型，甚至包括业务数据类型，如语音、视频、文件等；再结合网管下发的业务类型的级别定义 IP 数据的优先级，并设置 IP 报文的 TOS 字段；对于无明确接入协议的业务系统，IP 报文的 TOS 字段需由业务系统对数据自行打标。

3.4.2.4　信道接入

信道接入负责通信设备参数配置、状态监控以及子网的状态监控，以及通信数据的接收和转发。

信道接入包括信道管理和数据通信两个功能模块，其数据交互关系如图 3 – 18 所示。

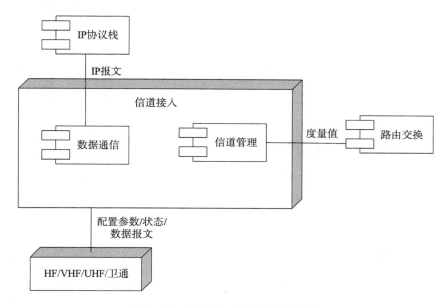

图 3 – 18　信道接入模块数据交互关系

信道管理模块主要接收网管代理模块的电台参数配置并下发给电台，监控电台和子网状态并上报给网管代理模块，同时需要根据信道的类型确定其带宽、延时等参数计算该信道的度量值，并结合信道的连通状态同步更新到路由交换模块。

数据通信模块将电台和子网模拟成 IP 路由系统的网络设备（即网口），实现信道数据到 IP 路由系统的无缝接入。

3.4.3　关键技术分析

1. 动态通信指挥决策调度技术

动态通信指挥决策调度技术是指依据系统所收集、处理的通信综合信息，利用模型和数据支持进行指挥决策活动分析、计算和判断，为快速准确地实施通信指挥提供支撑。

基于动态通信指挥决策调度技术，可根据作战通信保障要求，对数据进行分析并与知识信息库交互，提供决策方案评价、预测和选择方案，快速生成各无线通信资源使用计划，实施通信资源组织调度。

2. 基于策略的通信指挥技术

策略是用来定义系统行为规则的规范。通过将指挥行为和具体的执行分开，只对策略进行定义，而不必关心该策略的具体实现细节和相关设备的情况。制定通信业务相关策略，交由业务系统去执行，业务系统将依据策略规则进行通信业务的配置和应用。通过制定不同的策略，指挥人员可以很好地实现对通信业务应用的掌控和按需干预，也可以动态地调整策略以适应业务需求的变化。

3. 全域分级综合网络管理技术

系统基于全域分级综合网络管理技术，融合多种信息，形成统一的通信态势图表，根据通信需求及通信运行态势，实现对通信网络的动态调整和维护，提高网络运行效率，为实现通信网络的可视、可管、可控提供支撑。

4. 通信资源一体化整合技术

系统基于通信资源一体化整合技术，通过在各作战单位建设通信管控中心，在指挥所、作战单位平台分别建设通信管控节点，对各级各类通信资源进行整合和网络化改造，改变现有通信手段专网专线、业务绑定的使用方式，实现通信网络动态组网、通信资源按需分配，用户使用时占用通信资源，通信业务结束后自动释放资源，资源利用率将得到大幅提升。

5. 通信可视化综合态势感知技术

通信可视化综合态势感知技术就是通过数据采集和挖掘、数据融合、综合态势可视化等，通信传输性能评估与安全威胁实时响应等多种手段对基础资源、通信资产、网络系统、通信业务的运行状态、故障事件等多种信息进行展示，形成覆盖全网、全业务、多层次的统一监控视图。

第 4 章

传感综合技术

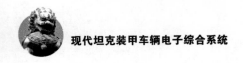

|4.1 概　　述|

传感综合技术在坦克装甲车辆电子综合系统中对应的是传感域，传感域理论上可以将车辆上的所有传感器涵盖在内，但是在实际中，由于坦克装甲车辆系统过于复杂，因此主要关注的是通信、雷达、光电等与任务系统关联度较高的传感器（图4－1）。

传感域在坦克装甲车辆电子综合系统中的映射主要是针对传感器的数据管理，然而在本书写作的过程中，传感域的数据管理并未达到较高的集成度水平，即一部分的数据管理工作仍由前端处理器完成。随着处理技术的提升，下一代的坦克装甲车辆电子综合系统依然会按照这个设计方向前进。

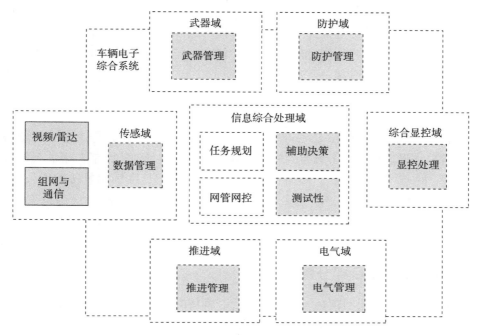

图 4 - 1　传感综合技术的定位

|4.2　多传感器协同感知技术|

4.2.1　传感器信息管理技术

传感器信息管理技术的作用是为协同探测任务规划、组织管理和操作控制提供所需的基础信息和知识的描述，主要包括以下 3 种信息管理。

（1）传感器静态信息管理。传感器静态信息主要用于传感器任务的预先分配约束。根据作战任务分配传感器时，通过传感器与任务、保障区域和目标特点的适配性，结合传感器能力分析模型选择合适的传感器。

（2）传感器协同控制规则管理传感器协同控制规则主要表现在任务分配过程中尽量减少相互影响，充分发挥协同探测优势，避免不适应环境对传感器使用的影响等经验知识、规则，为实现对传感器的协同探测提供合理的调配准则。

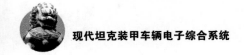
（3）传感器动态信息管理。传感器动态信息主要为传感器以任务和工作状态为主体的任务日历信息，用于传感器任务的冲突消解，为冲突消解提供动态调整所需的信息，并对调整后的任务和状态进行实时更新，以便为下次任务调整和冲突消解提供依据。

4.2.2 多传感器协同部署技术

根据目标环境合理部署多传感器有利于提高多传感器协同探测区域覆盖率，减少传感器布局中不必要的浪费，并有助于提高后续跟踪任务中的目标跟踪性能。传感器优化部署，即通过一定的算法、流程、准则部署传感器位置，优化现有的传感器资源，以期多传感器在未来的应用（检测、跟踪与识别）中获得最大利用率或单个任务的最少能量消耗。传感器优化部署是传感器协同探测进行其他工作的第一步，是多传感器协同工作的基础。

4.2.3 传感器目标分配

传感器目标分配问题是典型的多平台、多传感器、多目标分配问题。由于该问题的解空间随着传感器平台和目标总数的增加而呈指数增加，因此该问题是一个典型的多参数、多约束的完全 NP 问题，且这类组合优化的资源分配问题带有大量的局部极值点，具有不可微、不连续、有约束条件和高度非线性。该问题的研究是当前指挥辅助决策研究的热点。目前，大多数学者对于这一问题采用单目标规划方案，单目标规划多以对目标跟踪效能最大为优化的目标函数，然后采用线性规划类方法或智能优化算法进行求解。传统线性规划求解算法主要包括隐枚举法、分支定界法、割平面法、动态优化法等，当目标数增多时，收敛速度慢，难以处理维数较大的火力分配问题。随着现代计算机技术的发展，受自然界生物现象研究的启发，借鉴和利用自然现象或生物智能的启发式随机搜索算法比传统数学方法更具有优越性，高计算速度和大容量内存为多目标优化问题的海量解空间随机定向化搜索提供了有效的工具，如人工神经网络、混沌、遗传算法、模拟退火、禁忌搜索、粒子群优化、人工免疫算法及其混合优化策略等。这些算法通过模拟或提示某些自然现象或过程而得到发展，为解决复杂问题提供了新的思路和手段。

传感器目标分配多目标优化问题是指除了考虑探测效能外，还考虑传感器使用率，从而形成多目标优化问题。传统的多目标优化问题解决方法是通过人为的先验偏好对多个目标进行加权，从而形成单目标函数进行求解。然而，在实际操作过程中，不同的目标函数往往量纲不同，难以协调，使决策者难以量化各个目标函数的侧重点或不能提供相应信息，造成先验偏好权值很难获取，从而很难保证优化的各个目标函数同时达到最优值。采用单目标优化分配的结果在实际作战应用中表现为对目标传感器跟踪数量增大到一定程度后，跟踪效能改善不明显，从而造成传感器资源的浪费。为了解决这一问题，在跟踪效能最大的基础上，增加约束条件，在一定程度上对传感器数量进行限制，然而不能从根本上解决这一问题。近年来基于 Pareto 集多目标优化策略的求解方法能够避免传统方法的偏好权值选取，且能获得一系列前端解集合，供决策者参考，因此被广泛应用于多目标优化决策。

|4.3 光电综合|

4.3.1 光电传感器技术

坦克装甲车辆上的光电传感器是指对敌方光电设备发出的各种光电辐射进行有效探测和截获的设备，根据工作波段属性的不同分为激光告警、雷达告警（毫米波告警）、红外告警、紫外告警、可见光和红外图像传感器等。

激光告警是针对具有激光特征的光信号，对大气中的激光辐射和散射进行探测接收，确定激光光源特性（激光波长、脉冲重频、编码、脉宽、峰值功率等）。它主要针对敌方激光目标指示器、激光驾束制导导弹、激光测距、激光雷达、激光引信等设备和武器发射的激光信号进行探测告警。

激光束是一种高亮度、高相干性和高方向性的特殊辐射。激光在传输过程中，包含主光束、出口散射和气溶胶散射等激光能量，主光束辐射的激光能量呈高斯分布，出口散射是由于发射机光学系统的不完善或不洁净，使部分激光能量偏离主光束而带来的散射能量，气溶胶散射是激光通道上的分子和大气微粒将部分激光能量通过局部散射造成的。对激光的接收一般有 4 种截获途径：主光束直接截获、散射截获、漫反射截获及复合截获。根据激光辐射的特性，激光告警设备应具有精度高、准确性好、抗干扰能力强等特点，在保证有相当宽的动态范围前提下，具有高的截获率和低的虚警率，而且还要获得足够多的侦察信息，以便识别和启动有效的干扰措施。因此，在告警设备的设计中采用了多种技术和方案，其工作原理也截然不同。激光告警按其接收探测原理可分为光谱探测、成像探测、相干探测和全息探测等几种不同的技术体制；按所用探测器类型可分为单元、列阵和面阵 3 种，以光纤作为探头的光纤激光告警器也属于光谱探测型。

光谱探测型激光告警主要通过直接探测主光束、散射光，甚至漫发射光的激光能量实现相应光谱波段的告警。其探测装置采用与被接收激光波长匹配的光电探测器，如光电二极管或碲锌镉等，配以滤光片构成接收组件，当敌激光进入接收组件时，经滤光片，将非探测波段的光信号滤掉，留下有用的激光信号，经光电探测器（一般为 PIN 光电二极管）进行光/电转换，放大后输出电脉冲信号，经过预处理和信号处理，从包含各种虚假信息的信号中实时鉴别出有用信号，即可确定激光源参数，从而实现激光告警，如图 4 – 2 所示。

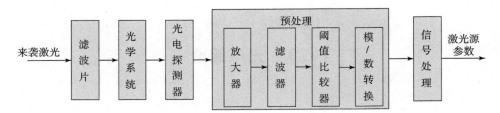

图 4 – 2　光谱探测型激光告警原理

成像型激光告警利用与被接收激光波长匹配的多元面阵光电探测器，如可见光 CCD 或中长波红外探测器，配以窄带滤光片构成接收单元；以凝视型广角透镜或"鱼眼"光学成像接收系统覆盖告警视场；可接收来自任何方向的激光辐射，激光辐射通过光学系统成像在 CCD 面阵上，光学系统设计如图 4 – 3 所示。面阵产生的整帧视频信号通过模/数转换存储下来，当包含背景信号和激光信号的一帧记录下来时与仅包含背景信号的前一帧数据相减，相减后可得出一个激光信号位置。

相干识别型激光告警原理：激光辐射有高度的时间相干性，相干长度一般在零点几毫米到几十厘米之间，而非激光辐射的相干长度只有几微米，因此用干涉仪做传感器就可识别激光。激光入射其上便受到调制而产生相长干涉和相消干涉，非激光入射其上则不产生干涉造成的强度调制而表现为直流背景，即可区分出激光和非相干光，同时利用干涉元件调制入射激光可确定其波长、方向等参数。

全息探测激光告警采用全息象限透镜代替相干探测中所用的干涉仪，干涉仪利用的是光的衍射原理。全息象限透镜是一种分成 n 个象限的全息光学器件。全息透镜将不同激光波长的焦点沿光轴分布，焦点的位置成为激光波长的函数，它可以把入射到不同象限上的激光辐射分别成像在特定位置上，成像的位置仅由被照明的象限所决定。利用全息象限透镜确定入射激光的波长和入射方向，物镜将入射的激光会聚到位于其后焦平面处的全息象限透镜的某个象限上，全息象限透镜将激光辐射会聚到与这个象限相应的点探测器上，从而确定

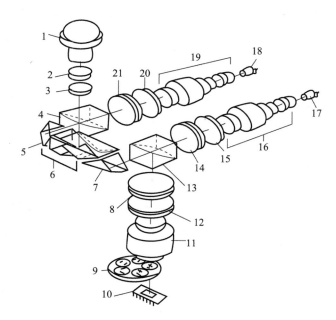

图 4－3　成像型激光告警光学系统

1—广角物镜；2—阻挡滤光片；3—场镜；4，13—分束镜；5，7—折叠镜；6—电介质膜
分束器组件；8，15—滤光片（激光）；9—自动电平控制滤光片；10—CCD；
11—成像透镜；12，14，21—准直透镜；16，19—二极管中继透镜；
17—PIN 二极管（激光）；18—二极管（背景）；20—滤光片（背景）

激光源所在的象限。

雷达接收告警采用电子侦察手段，接收空间存在的各种雷达信号（微波信号），通过告警设备内部的信息处理机，识别是否存在与威胁相关联的雷达信号，并对其进行跟踪和定位。该设备可告警主动、半主动雷达制导导弹及主动雷达探测。雷达告警对辐射源定向的基本原理是利用告警测向天线系统的方向性，利用测向天线对不同方向到达电磁波所具有的振幅、相位或时间响应进行比较，从而确定信号方位。测向最常见的有两种体制：比幅测向和比相测向。比幅测向用多个独立天线产生多个独立的毗邻波束，通过相邻波束接收同一个辐射信号的相对幅度大小来确定辐射源所在方向，也称为全向单脉冲测向技术。它属于瞬时测向技术。天线数目越多，测角能力和分辨力也相应越高。比相测向是根据测向天线对不同到达方向电磁波的相位响应来测量角度的，利用的是一维基线相位干涉仪测向的原理，所以干涉仪测向（相位单脉冲）在原理上与传统比相式雷达其实并无二致。

紫外导弹逼近告警是近年来发展较为迅速的一种导弹逼近告警方式，主要用于探测来袭导弹羽烟的紫外辐射，以判断威胁方向及程度，并实时发出报警信息，提示操作手或驾驶员选择合适时机，实施有效干扰、采取规避等措施来对抗敌方导弹的攻击。紫外导弹逼近告警通常探测的是有动力目标，即主要接收导弹等飞行器在飞行过程中，发动机尾焰中的紫外辐射信号。当今导弹的推进剂绝大部分为固体推进剂。当固体燃料燃烧时，随着火焰温度升高，产生的紫外光谱辐射能量增加，峰值波长向短波方向移动，图 4 – 4 所示是美国 AFGL 实验室测得的导弹羽烟紫外光谱。除导弹尾焰产生的紫外辐射外，高速飞行的导弹头部的冲击波也产生一定的紫外辐射。这些威胁目标的紫外辐射虽然本身的辐射强度并不高，但在"日盲区"，还是大大强于太阳光的紫外辐射，使得目标与背景之间的反差并不小。因此在探测接收端，近地面的导弹在均匀的紫外光背景上形成一个亮点，告警系统就可以采用光子检测方法，对微弱的导弹逼近告警信号进行告警。

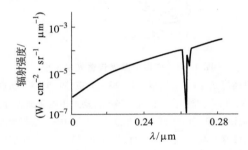

图 4 – 4　导弹羽烟紫外光谱

红外导弹逼近告警是通过探测威胁目标连续运动的红外辐射信号，探测并识别出威胁目标，确定威胁目标的详细特征，并向所保护的平台发出警报。利用红外传感器探测目标本身的红外辐射，进行分析处理，依据辐射特征和预设数据库判别目标类型，确定其方位（甚至计算到达时间）并报警（甚至自主启动对抗设施），这就是红外导弹逼近告警的基本原理。其主要工作对象是敌来袭导弹、火箭弹、武装直升机或其他重要威胁源。

红外与可见光图像一般通过红外传感器和可见光传感器获得。红外传感器与可见光的成像机理差别较大，它是根据红外目标散发或反射的热辐射信息成像，即将红外探测器接收到的红外辐射目标映射成灰度值，进而转化为红外图像。图像中某一部分的灰度值越高或者说图像越亮，就表示场景中这一部分的辐射强度越大。由于红外图像描述的是目标的热辐射分布，而物体的温度一般决定热辐射的程度，温度越高，热辐射信息越多，能量就越强，即所生成的红外图像的灰度值也就越高，因而它反映的是场景的目标特征。由此可见，红外成像仪的优点是基本不受照明条件的影响，缺点是所成图像的细节背景信息不够丰富。而可见光成像传感器则是根据目标场景光谱反射特性成像，因为它有较高的时空分辨率，因此它的优点是所成图像包含了场景的边缘、纹理等丰富的细节信息，有利于增强观察者对场景的整体认知，同时可见光图像也是人们日常生活中接触最多、最熟悉、最易于解释的一类图像，其缺点是受场景照明的影响较大。

4.3.2　光电传感器综合技术

目前战场上主要的威胁有红外指令制导、红外成像制导、毫米波制导、激光驾束制导以及复合制导等多种类型导弹，威胁呈多样化发展，告警手段也相应出现了激光告警、紫外告警、红外告警、雷达告警等多种形式，并随着主动拦截系统的应用，还出现了近程探测雷达等主动探测手段。由于单一的传感器信息采集量不足，且易受周围环境等干扰因素的影响，因此很难保证检测威胁的准确性和可靠性，而且现在的威胁都具有多重特征，也需要综合探测告警才能对威胁进行正确的判断。同时，多种传感器在探测时都需要全向告警且视场无遮挡，如果各个传感器都要占据炮塔的高位，即是不太现实的，只有采取集成化的设计，才能保证多传感器的视场不相互遮挡。尤其对多模多色的制导方式，如末敏弹等威胁，必须采用多频谱综合探测告警再配合多种对抗手段，才能实现主动防护。

光电综合原理就是利用多个传感器对红外、紫外、激光、毫米波等不同波段的威胁信息进行综合采集，充分利用不同时间与空间的多传感器数据资源，运用数据融合处理和数据实时比对技术，得到各种信息的内在联系和规律，并在探测头结构设计上采取合理的视场分配、共孔径或部分共孔径设计，实现多传感器结构上一体化、功能上优化配置、信息上资源共享，从而实现对威胁目标的快速综合识别。

光电综合的优点和意义在于：

（1）显著提高判决的可靠性。光电综合后使被利用的信息量明显增加，而几种光电传感器获取的信息融合会使判决结果更加可靠。

（2）补充目标的距离信息。不同波段光辐射对应的大气衰减不同，依据这一点，利用两个不同波段实施目标探测时，运用数据处理技术可以有效地进行距离估计，从而弥补一般被动式光电传感器不能感知距离的重要缺点。

（3）有利于快速反应。光电综合包含了共形设计、光通道复用、资源共享、信息融合和多传感器数据并行处理等诸多高新技术，相对于单个传感器而言，其信号处理能力要强得多，实时性好得多，因而可实现快速反应。

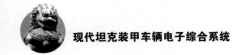

（4）提高系统的作战能力。

目前在坦克装甲车辆上已经有以下 6 种典型的应用。

1. 激光/毫米波复合告警技术

激光/毫米波复合告警通常用 8 mm 波段的毫米波告警和 0.9 ~ 1.7 μm 的激光告警构成多频谱综合传感器，是一种低成本的威胁感知，不需要高精度测向，主要引导无源干扰。传感器对区域内的多频段告警信号进行匹配滤波和综合处理，对视场内的告警信号分别进行预处理后再统一送往防护计算机进行集中融合处理。

激光告警光学窗口和毫米波告警窗口分开，激光告警光学窗口实现对来袭激光侦察，完成光信号传输，主要由保护玻璃、视场光阑、光纤组成。光/电转换预处理电路将光/电转换后的电信号变成离散的差分脉冲信号送到决策处理器再进行处理。毫米波告警窗口由毫米波接收天线和预处理电路组成，在接收到雷达波束照射时，采用扫频的方式侦察整个频域的威胁信号，电子扫描以 200 MHz 为步长，为了覆盖全工作带宽，共需 50 个扫描点。告警天线对接收到的雷达信号进行检波放大，信号按其载频不同，通过各自的频段支路，以视频脉冲的信号形式再进入信号处理单元，信号处理单元利用到达时间，测出信号重复周期。

传感器内部采用模块化设计，按照功能划分为激光天线、毫米波天线、激光预处理、毫米波预处理、电源板等不同的模块，并在结构设计上进行匹配设计，模块间互不干涉。前端告警信号经接收预处理后统一送防护计算机进行数据融合处理，不仅节省了处理电路板，还提高了处理的速度和精度，实现了传感器的综合。

2. 激光/导弹逼近复合告警技术

导弹逼近复合告警通常以共孔径结构凝视空间大视场范围，便于实现探测头空间视场匹配和时间的最佳同步。采用共孔径、探测器分立设置的方式，接收的辐射经过同一光学系统会聚和分束器分光后，分别送到不同滤光片上，经滤光片选择滤波，送至相应的探测器。探测器每个像素视场内的光学信号随后转换成电信号。设备一般采用凝视型，以多元探测器件实现对光电威胁的精确探测，同时可抑制假目标（尤其对激光等短持续特征的信号）。德国埃尔特罗公司的 LAWA 激光告警器即为一例，它能探测红宝石激光、Nd:YAG 激光、CO_2 激光和普通红外辐射。

导弹逼近复合激光/代表有告警通常以成像型紫外告警和激光告警构成综

合一体化系统，典型的如德国的 MUSS 系统。

激光/紫外复合告警设备由探测头、信号处理器、显控盒等组成。每个探测头的紫外、激光光学视场完全重叠且均为 90°，4 个探测头形成 360°×90° 的监视范围。紫外探测器对空间进行成像探测。4 个能探测不同波长的激光探测头均布置在紫外探测通道周围，对激光波长进行识别，当激光威胁源或红外制导导弹出现在视场内时，其产生告警信号并在显示器上显示出相应的位置。激光/紫外复合告警不仅在探测头结构形式上有机结合、在数据处理上有效融合，而且由于探测头输出信号均为纳秒级脉冲信号，因而在接口、预处理电路及电源等方面可做到资源共享。另外，它可对激光驾束制导进行复合探测，这是因为二者视场完全重叠。当驾束制导导弹来袭时，紫外告警通过探测羽烟获得数据，激光告警通过探测激光驾束信号获得数据，两者做相关处理，能获得导弹来袭角信息和激光特征波长。

单独的紫外告警不能区分来袭的光电制导导弹是红外制导还是激光制导，只有同激光告警的数据相关后，才能作出判决；另外，激光/紫外复合告警可对激光驾束制导导弹进行复合告警，通过数据相关降低激光告警的虚警率。典型装备如美国 LORAL 公司研制的带有激光告警的 AAR-47 紫外告警机改进型，将探测头更新换代，采用 4 个激光探测器，装在现有紫外光学设备周围，同时使用了一个小型化实时处理设备。激光探测器工作波长为 0.4 ~ 1.1 μm，可对类似于瑞典博福斯公司生产的 RBS70 激光驾束制导导弹告警，同时能对成像制导导弹告警。当判断出有导弹来袭而又没有制导信号时，基本可判定为成像制导导弹。

紫外/红外复合告警采用单独的光学系统和分立的探测器件，对现有紫外、红外探测头进行复合，通过数据相关处理，提高战场态势估计水平。紫外告警完成对导弹的发射探测，红外告警对导弹进行跟踪，以控制定向红外干扰机等干扰设备。同时，二者做信号相关处理，可大大降低虚警率，完成对导弹的可靠探测，由于红外告警的角分辨率可达 1 mrad，因而对导弹的定向精度可优于 1 mrad。一般来说，紫外/红外复合告警是大视场紫外告警和小视场红外告警的综合。紫外告警由多个成像型探测头构成，对空域进行全方位监视；红外告警则是一个小视场的跟踪系统。紫外告警探测、截获威胁目标后，把威胁方位信息传给中央控制器，中央控制器通过控制多轴向转动装置完成对红外告警的引导。由于导弹发动机燃烧完毕后继续有较低的红外辐射能量，红外告警可对目标继续跟踪，二者以"接力"方式进行工作。例如，美国 1997 年推出的 AN/AAQ-24 红外定向对抗系统就采用了这种告警技术。

3. 激光/毫米波复合告警/近程雷达探测技术

激光/毫米波复合综合传感器为了兼容拦截型防护，需要在激光/毫米波告警的基础上增加近程雷达，完成综合探测告警功能。近程雷达探测包含发射天线和接收天线两个部分，这样在威胁探测告警组件内部需要集成激光告警、毫米波告警、雷达发射、雷达接收 4 种天线。为了最大限度地利用内部的空间，且使 4 种天线的视场能匹配而不相互遮挡，采用分区布置的方式，将各天线安排在相应的区域，这既保证了各个接收窗口能充分接收告警信号，又保证了探测的独立性而不相互干扰。同时将雷达发射天线用天线隔离腔隔离开来，做好收/发隔离，以保证雷达探测精度。

探测告警组件内部采用模块化设计的原则，所有天线接收处理前端共用电源、滤波模块，各接收预处理模块（激光、毫米波、雷达）将不同的探测告警信号预处理后通过统一的接插件输出至主动防护的综合处理器进行下一步的信号融合与处理。内部各模块用独立的壳体封装起来，以提高综合传感器的电磁兼容性。

多频谱复合设计后，告警不仅能引导激光、毫米波、烟幕弹等多种干扰措施，还能引导随动式拦截转台提前转动到威胁方向，在近程雷达探测到目标准确方向后只需要微调转台就能引导拦截弹发射，从而大大节约了系统的反应时间，提高了主动防护效率。

4. 可见光/红外图像与告警传感器综合技术

威胁告警传感器在探测到信息后，以声音、文字等形式向乘员提供告警信息，而乘员多以可见光/红外图像的方式获得周围的信息。

5. 光电与雷达综合技术

光电与雷达综合技术是一项基于光电侦察与雷达等多维信息综合（融合）的目标综合识别技术。目标综合识别技术通过多维组合特征的辐射源识别算法实现目标综合识别，可以提高对目标属性判断的可信度。根据多维特征的特点，构建测量特征空间，计算每一维特征与识别库中对象空间的欧氏距离，根据距离的大小计算目标相似度，实现对目标的综合识别。

多维组合特征的辐射源识别算法的基础是建立多特征维度综合识别模型。首先对参与综合识别的特征进行定义，分析各特征对目标识别的贡献度、可用度和稳定度，结合电子目标辐射源搭载方式，分配各特征要素的权重和关联方式，完成目标综合识别建模。根据侦察装备的能力模型和识别可信度设置证据权，利用证据权修正基本可信度分配函数，使其表示证据的信度和重要度两种属性，提升综合识别正确率。

6. 光电综合涉及的多传感器融合算法

光电综合涉及多个传感器信息，包含如激光探测、紫外探测、毫米波探测等传感器，在信息处理时需要对多个信息进行融合处理，工作流程如图4－5所示：由多传感器的探测网络探测威胁目标的特征参数，结合车辆姿态信息对这些参数进行数据融合，确定威胁目标的身份属性。一旦确定了威胁目标的身份属性，即可参照车辆现有的对抗手段进行决策，并启动最佳的防护措施。在整个处理流程中，数据融合处于一个特别重要的位置，数据融合算法的优劣直接决定着后续决策和防护的效能。

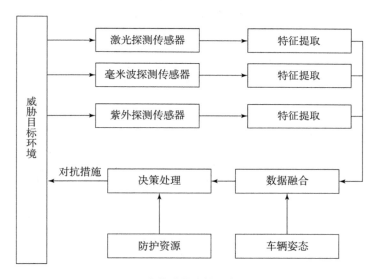

图4－5 多传感器防护系统工作流程

数据融合算法的逻辑框图如图4－6所示：将多传感器中各传感器得到的时空参数进行处理后，通过航迹关联建立目标群；通过对目标群内的不同传感器的信号特征融合，最终确定目标数；通过特征值比对，最终输出对目标的威胁估计。

输入信号信息处理：将刚接收到的一个信号进行坐标变换，从姿态信息区提取前倾角、侧倾角、炮口指北角和炮口与车身的夹角；将上述角度信息代入坐标变换公式实时校正后，将目标信息的方位和仰角转换为大地坐标系中的方

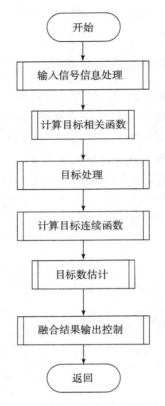

图 4 - 6　数据融合算法的逻辑框图

位和仰角。

计算目标相关函数：根据信号特征计算新信息与原有目标的相关性，从而进行航迹关联。

目标处理：通过航迹关联后，将能够关联上的目标进行归一化处理。

计算目标连续函数：用于区分连续数据和间隔数据。

目标数估计：对不同类型传感器的信号特征进行关联，形成对目标的融合估计。

4.3.3　传感器综合技术的未来发展方向

传感器综合的目的是获得环境或目标的不同波段或侧面的信息，用来最大限度地还原目标，因此未来传感器综合不仅限于光电传感器的综合，还包括光电传感器和声音、射频等不同类型传感器的综合。

|4.4　射频综合|

4.4.1　车载传感器装备

在现代战争中，随着信息化技术和各型武器装备的不断发展，一方面，陆军武器装备尤其是地面坦克装甲车辆将面临多种战场威胁。如图 4 - 7 所示，装甲平台需要面对敌方地面火力和无人机、固定翼飞机等空中火力打击，自身必须具备一定的防空威慑能力；需要在各类电子对抗手段不断加强的战场中应对愈加复杂的电磁环境；需要不断提升自身的防护能力以应对精确打击武器的攻击，同时其自身应具备精确打击能力，以适应精确打击作战的需求。因此，坦克装甲平台信息化设备必须具备探测与感知、对抗与防护、火力打击与精确制导、指挥控制、多维通信、敌我识别等多种功能，以应对未来复杂战场环境和战场对抗的需要。另一方面，在未来的信息化战争中，陆军作战平台将不再是一个孤立的作战单元，也不再只是搭载、投放武器的工具，而是作为整个网络体系的一个节点（终端），担负着不同的作战任务。坦克装甲平台必须具备

图 4 - 7　坦克装甲平台面临的威胁示意

侦察、感知、通信、对抗、指挥控制、火力打击等多种功能，从而作为信息化
装备体系中的一个节点，不仅在火力网中发挥作用，而且在传感器网和通信网
中发挥作用。

在陆军网络信息体系中，各陆军作战平台作为网络节点，担负着不同的作
战任务，在侦察、感知、通信、对抗、指挥控制、火力打击等方面有不同侧
重。针对坦克、步兵战车、装甲侦察车等坦克装甲车辆装备，各类远程压制式
火炮、反坦克火炮及导弹等炮兵装备，高炮、防空导弹及防空单元等防空装
备，无人车、无人机等无人平台和武装/侦察直升机等陆航装备，表4-1给出
了其功能需求和应当具备的能力。从表中可以看出，坦克装甲平台电子信息装
备必须具备多任务多功能的能力，从而最大化地实现其战场作战效能。射频综
合化正是通过对多种任务的统一规划和整合，以数个宽带综合孔径、共用/复
用射频前端、综合信息处理的架构，对这些功能进行综合集成，从根本上提升
信息化装备的作战效能。

表4-1　陆军各类装备综合射频系统功能配置

装备类型	功能配置	具备的能力
装甲车辆装备：坦克、步兵战车、装甲侦察车	近程主动防护探测、侦察告警与对抗、毫米波雷达探测、敌我识别、电台通信、卫星通信、毫米波自组织网络、武器协同数据链、导航、跟随防撞	战场指挥控制、战场态势感知、信息共享、快速战场反应、火力控制、远程网络化间瞄式打击、攻击弹药指令制导、猎歼式攻击、智能辅助行驶、大容量组网通信、跨区域远程通信
炮兵装备：远程压制式火炮、反坦克火炮、导弹及各类自行式火炮	侦察告警与对抗、毫米波雷达探测、电台通信、卫星通信、毫米波自组织网络、导航、跟随防撞	战场指挥控制、战场态势感知、信息共享、快速战场反应、火力控制、精确攻击、间瞄式打击、炮位侦校、智能辅助行驶、大容量组网通信、跨区域远程通信
防空装备：防空导弹、防空单元	毫米波雷达探测、侦察告警与对抗、武器协同数据链、敌我识别、电台通信、卫星通信	战场指挥控制、战场态势感知、信息共享、快速战场反应、火力控制、直瞄式打击、间瞄式打击、攻击弹药指令制导
无人平台：无人机、无人车	环境感知与自动驾驶、跟随防撞、毫米波雷达探测、侦察告警与对抗、敌我识别、电台通信、卫星通信	战场场景信息感知与自动驾驶策略生成；基于战场态势感知的火力控制、自主侦察、搜索、识别、瞄准及攻击；无线遥控及信息传输

续表

装备类型	功能配置	具备的能力
陆航装备：武装直升机、侦察直升机	毫米波雷达探测、侦察告警与对抗、武器协同数据链、敌我识别、电台通信、卫星通信及动中通、导航、高压线防撞、地形探测与跟随	远距离快速侦察/识别、信息共享、快速战场反应、大容量组网通信、跨区域远程通信、安全飞行

1. 综合感知与战场目标探测传感器装备

当前，各军事强国陆军装甲平台初步形成了以指挥所为中心，辅以电子战、防空火控雷达、装甲侦察车、无源告警设备、光电稳瞄等多频谱、多传感器的通信、探测、干扰手段，具备了全天候的作战能力。表 4-2 描述了车载射频探测感知传感器的特点。

表 4-2　各种探测感知传感器探测特点

目标探测系统	红外搜索跟踪	激光雷达	雷达	无源侦察
传感器类型	被动	主动	主动	被动
瞄准功能	探测、跟踪、分类、识别	探测、跟踪、分类、识别，动目标显示	搜索探测、跟踪、分类、识别	探测、跟踪、分类、识别
威胁判断功能	能被动探测跟踪飞机和导弹	能跟踪飞机和导弹，测距和预测	能跟踪和制导导弹，目标的测距和命中点的预测	威胁类型，威胁工作方式，能在目测距离外识别目标
探测距离	远	近	远	远
单独使用时存在的缺点	受云、雨影响，测距性能差	受云、雨影响，视场较窄，需要引导，作用距离较近	能被 ESM 系统探测到，易受电子干扰，静目标识别能力弱	要求辐射目标，空中测距能力较差

随着现代战争技术的发展，车载作战平台面临的威胁日益增多，其工作的电磁环境也日渐复杂，同时车载武器打击系统不断向远程化、精确化、智能化方向发展，要求未来车载传感器系统必须能够在复杂电磁环境下也具有远距离和高精度的探测和识别能力。传统的单传感器探测系统由于以下两方面的缺陷，已经无法满足现代战争的需求。

（1）所获取的数据不精确、不完整、不一致，仅利用目标的某些特征对其进行探测，分类和识别存在很大的局限性。

（2）单传感器易受敌方干扰，在复杂环境下探测能力大大下降。例如，针对雷达和激光等主动有源探测系统，敌方可实施强大的电子干扰；针对无源侦察，敌方可保持电磁静默等。

美国早在 20 世纪 70 年代就提出了多传感器探测的技术途径，而多传感器信息融合处理，则是其中的一项关键技术；经过探索和实践，至 20 世纪 80 年代，逐步形成了较为完整的信号融合处理技术，解决了多传感器探测融合中的关键问题。美国国防部和海军于 1986 年成立了专门的数据融合/发展战略小组，负责这项研究工作；美国三军及有关公司同时建立了研究实验室，从事多种系统的开发研究；1987 年，美国国会军事委员会把数据融合明确为国防发展 21 项关键技术之一。目前多传感器融合技术已经在各个系统上得到了广泛应用。

多传感器融合技术最为成功的应用是在战斗机上。美国 F–22 战机的光电传感器综合系统是综合电子战系统（INEWS）的重要组成部分，具有光电和雷达探测、雷达告警、导弹告警、电子侦察、干扰释放等多种功能，其覆盖范围包括毫米波、红外和可见光。飞机上所有的传感器和显示器一起工作，采集的数据经过信息融合系统处理后可向驾驶员提供战术态势单一、完整的图像。俄罗斯的米格–29、米格–31 战斗机以及美国最新研制的联合战斗机（JSF）都利用了多传感器融合技术。

在车辆多传感器融合探测方面，美国和欧洲都已形成自己的典型在研产品，如美国海军陆战队的复合电驱动侦察监视标的车（RST–V），美国陆军的远程高级监视侦察系统（LRAS3），美、英合作的战术侦察装甲战斗设备（TRACER/FSCS），荷、德合作开发的"菲耐克"装甲侦察系统，英国阿尔维斯车辆公司的"甲虫"系统，德国的"鼬鼠–AOZ"侦察系统，法国的 Panhard 轻型装甲侦察车，加拿大的"山狗"侦察车，捷克的"斯内泽卡"侦察车，土耳其的"眼镜蛇–ARSV"侦察系统，以色列的"军猫"监视/侦察系统等，都利用多传感器进行融合探测，并在实际中得到了很好的应用。

2. 电子对抗与主动防护装备

目前，装甲平台的防护主要依靠各种复合装甲等被动防护手段，但此类防护手段仅能抵御早期的穿甲、破甲类弹药。随着装甲防护能力的提升，车辆的自重也在急剧增加，严重限制了装甲平台的机动性能，且被动防护手段对现代战场大量出现的精确制导弹药缺乏足够的防护能力。智能化弹药自问世之日起，就对陆军装备尤其是装甲平台构成了严重的威胁。现阶段，多个国家的装备体系中均已装备了各类精确制导弹药。目前能够打击装甲平台的精确制导弹药的典型代表有以"海尔法""硫磺石"为代表的反坦克导弹，以及以"SMArt"为代表的末敏弹。

现代战争中各种精确制导弹药的大量使用，使传统的装甲平台被动防护体系难以应对，为提升装甲平台战场生存能力，发展主动防护技术已是大势所趋。目前，可适应装甲集群作战特点的电子对抗与主动防护技术包括随队支援干扰以及平台自卫干扰。随队支援干扰利用专用大功率支援干扰车，形成干扰区域，掩护装甲集群。但专用大功率支援干扰车存在结构复杂、成本高昂等缺点，且由于辐射功率较大，容易成为反辐射弹药的攻击目标，因此战场生存能力较弱。平台自卫干扰设备，结构较为简单、成本低廉，对火控雷达有着较为理想的干扰效果。但由于平台自卫干扰设备安装于平台内，因此对精确制导弹药只能使其圆概率误差增大，而无法像干扰雷达那样达到稳定的干扰效果。随着战场电磁环境的复杂化，战场上的威胁辐射源数目也越来越多，虽然我方装甲集群也同时存在多个干扰机，但目前各干扰机仍处于单打独斗的状态，因此对多个目标的干扰依然是以单个干扰机的干扰决策为依据，这容易形成对某些目标的过度干扰，从而导致对某些目标的干扰不足，甚至于干扰机之间相互干扰，使其不能正常工作。

因此，为了应对日益严峻的战场电磁环境，适应装甲集群作战的电子对抗与主动防护手段应具备以下条件：①能够利用平台自卫干扰设备对精确制导弹药形成稳定可靠的干扰效果，诱使精确制导弹药攻击假目标；②多车之间能够协同干扰，以应对越来越复杂的战场电磁环境；③能够对末敏弹实施有效干扰。同时，考虑到来自顶部的威胁，现代坦克装甲车辆必须能够对多模复合末敏弹进行有效防护。

近年来，满足装甲集群作战的分布式电子干扰与对抗系统逐渐成为研究和发展的重点。

2000 年，美国国防高级研究计划局（Defense Advanced Research Projects Agency，DARPA）对外宣布开始进行"狼群"（Wolf Pack）网络化电子战研究。"狼群"电子战系统使用大量相互协作的小型干扰机，采用干扰机联网技术，通过分布式网络结构进行数据交换，以分布式干扰方式来破坏敌人通信链路和雷达系统工作，对敌方的辐射源进行"围攻"，就像狼群围攻猎物一样，对攻击目标进行"湮没"式轮番攻击，因而得名。"狼群"将通过对敌方关键的指挥、控制和通信节点实施精确干扰，并使网络失效来阻止敌方各节点之间的联络，攻击其无线电和雷达系统。它还利用压制式干扰进行定向攻击，或利用信号欺骗和雷达假目标来破坏敌方的通信和雷达系统，降低敌方侦察接收机灵敏度，同时确定目标系统的位置和意图。"狼群"攻击系统的工作频率为20～2 500 MHz，将来可能会扩展到 15 GHz 或更高频率，以干扰敌方的防空雷达。"狼群"攻击系统具有高度的适用性，能够满足不断变化的战场或作战优先级，适用于多种投送、部署方式，如直升机、火炮、无人机、战斗机和轰炸机等，部署距离灵活多变，克服了现役分布式对抗装备功能单一（主要就是对战术通信电台实施拦截式干扰），缺乏侦察定位及信息传输功能，以及部署平台单一（火炮投掷）、部署手段少、投送距离近等缺点，可充分发挥分布式雷达对抗装备的作战潜能和优势。

目前美国 BAE 公司已用 3 架飞机进行过"飞狼"试验，截获、分析威胁信号，并发射干扰信号，实现电子伪装，模拟数百个目标飞行。

鉴于末敏弹对坦克装甲车辆的威胁程度较高，因此可以断定国外肯定有机构在研究末敏弹对抗技术，但由于保密等诸多原因，末敏弹对抗技术尚未见公开报道。

3. 无人平台传感器装备

无人平台（包括车辆、船体和飞机）因其能够在战场上协助作战人员并与之互补，适于完成常规而单调的任务，增强士兵在战场上的战斗效能以减少人员的伤亡而受到各国的关注。当前，陆军由以重装甲、强火力为特征的军事力量向更轻便、反应迅速、具有高杀伤力与高生存性的目标部队转型的迫切需要，已使实用的无人地面车辆和无人机系统的发展成为未来的急需。美国陆军计划将无人地面车辆用于武器平台、后勤运输车及侦察、监控与目标获取等替代装置，以提高战斗效能并减少危险环境下士兵的数量。纵观美军近年来的战事，通过大量的无人系统获得了前所未有的对战场的感知能力、参战部队的整体协调和控制能力，以及对目标的远程精确打击能力，同时为参战人员提供了从未有过的安全保障，大大降低了人员的伤亡。

坦克在地面执行作战任务时，平台自身高度的限制导致其携带的各种侦察设备的作用距离一般较近。微型无人机的出现，将会在很大程度上提高坦克自身的远距离探测能力。微型无人机可在坦克前方数千米的低空巡飞，利用自身携带的机载侦察设备探测附近空间的敌情变动情况，把获得的侦察信息通过数据链路及时地传递给坦克，扩大坦克的搜索范围，延长预警时间，提高坦克对战场的感知能力。坦克根据微型无人机提供的侦察信息可以及时制定作战方案、确定目标攻击参数，做到先发制人。此外，微型无人机还可以利用其机载设备对目标的毁伤程度进行评估，确定是否继续攻击或转移火力。微型无人机一般体积小、重量轻，携带起来比较方便，可将其放置在坦克的内部；由于其发射和接收不需要专门的起飞或着陆场地，因此坦克乘员可在坦克内部对其进行灵活操控。

无人平台是无人化与信息化高度结合的载体，其信息系统的改进和提高是平台综合效能提高的关键。尤其是在复杂电磁环境下，平台需要装备综合信息系统来抗衡敌方电磁干扰，感知战场态势，远距离、高精度地侦察目标，进行与指挥所、协同作战单元间的通信联络，有效打击敌方威胁，提高自身生存能力，最终在战场上达到"全天候全战场态势感知、综合数据评估、制定和施行与作战目标相一致的自主机动和自主打击"的自主无人能力。

目前各国在无人平台传感器方面主要着重发展无人环境传感器。地面无人平台对环境的感知能力，对其自主机动非常重要，由于环境多变和地图数据不准确，所以不能只依靠单一导航方法（如 GPS）。车辆必须能利用车载传感器的数据来规划和跟踪一条路径，穿过其环境，必要时检测和避开障碍。早期的无人平台环境感知系统严重依赖于某一类型的传感器，如立体视觉和激光雷达。随着无人平台所面临环境的日益复杂和执行任务的种类增多，雷达由于具有全天候工作能力、作用距离远、穿透能力强、可直接对目标测距测速等优势，越来越多地在无人平台中得到应用。现有无人平台中使用的多是光学/红外摄像头、激光雷达和雷达等多传感器集成的智能环境感知系统。

1）运动车辆

对运动车辆径向速度的检测也可以采用毫米波雷达测速来实现。通过发射多个具有不同调频率的线性调频连续波（Linear Frequency Modulated Continuous Wave，LFMCW）波形来获得目标距离和速度的不同线性组合，进而求解出目标的距离和速度。在多目标场景下这类方法需要首先进行目标的配对（图 4 - 8）。另外，也可以利用各个波形发射周期间的相位变化来检测多普勒频率，进而获得目标的速度。

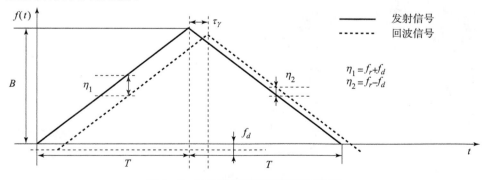

图 4 - 8　三角波 LFMCW 波形配对测速

对于在城市道路上行驶的车辆，获取目标的切向速度显得尤为重要。在传统的雷达系统中，目标的切向速度是通过航迹跟踪获取的，而目标航迹需要经过一段时间的观测才能够建立，从而限制了应用范围。扩展雷达目标（例如车辆）具有多个不同的雷达散射点，而对于平稳行驶的汽车，其车身各处（车轮除外）的速度应是一致的，因此雷达可以利用同一车辆多个散射点径向移动速度的不同估计整车速度（图 4 - 9）。

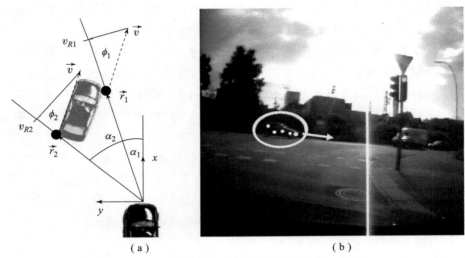

（a）   （b）

图 4 - 9 速度分解与估计

（a）车身各处速度分解示意；（b）车辆切向速度估计

日本日立公司还研制了 77 GHz 低成本单片雷达用于本车测速。该雷达以固定入射角照射地面，通过测量地面回波的多普勒频移来获得本车速度，测速误差在 1.5% 以内（图 4 - 10）。

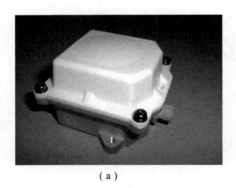
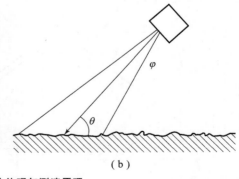

（a）   （b）

图 4 - 10 雷达外观与测速原理

（a）雷达外观；（b）测速原理

2）行人

考虑到行人在走动过程中身体各个部位间的相对运动要比运动车辆复杂得多，因此在多普勒谱上与运动车辆相比会有较大的展宽。根据这一特征，德国汉堡工业大学的团队从 24 GHz 毫米波雷达获取的回波数据中提取多普勒谱和一维距离像，并进行运动车辆和行人的区分（图 4 - 11）。

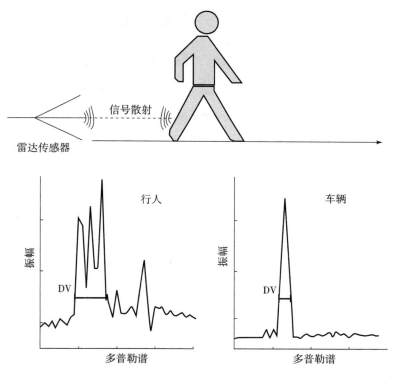

图 4 - 11　行人与车辆多普勒谱对比

3）道路边界

对于大多数的道路，由于道路边缘存在护栏、防护障、绿化带等具有强雷达回波的物体，因此可以根据这些物体的回波来检测道路边缘。Daimler 汽车公司与德国慕尼黑工业大学合作研制的雷达道路识别系统在雷达高分辨成像结果中可检测连续的道路边界，图 4 - 12 展示了在冰雪覆盖的道路上利用雷达成像结果实现对车道线的检测。

4）路况探测

芬兰的研究人员采用 24 GHz 汽车雷达来检测柏油路面上水、冰和雪的覆盖情况，并对干、湿、冰和雪覆盖的柏油路面的后向散射系数进行了外场测

图 4 - 12 利用成像雷达在冰雪覆盖的道路上检测车道

试。测试证明不同极化方式的后向散射系数的比值 σ_{vv}/σ_{hh}、σ_{vh}/σ_{hh} 和 σ_{hv}/σ_{hh} 可以用于不同路况的有效区分，而且不易受观测距离、柏油路面特性和天气状况等的影响。与干燥路面相比，在大入射角下，水覆盖路面的 σ_{vv}/σ_{hh} 会提高 $3 \sim 9$ dB，冰覆盖路面的 σ_{vv}/σ_{hh}、σ_{vh}/σ_{hh} 和 σ_{hv}/σ_{hh} 均会降低 $1 \sim 2$ dB，雪覆盖路面的 σ_{vv}/σ_{hh}、σ_{vh}/σ_{hh} 和 σ_{hv}/σ_{hh} 则会在冰覆盖路面的基础上进一步降低 $1 \sim 2$ dB。

4.4.2 车载射频传感器发展趋势分析

基于当前各类装备平台信息化设备的多功能多任务发展趋势，射频综合化一直以来在美国陆、海、空各军种中都受到极大重视和大力发展。在空军方面，针对机载航空电子系统的信息化要求越来越高的趋势，美国空军先后开展了"宝石柱"计划、"宝石台"计划和 ISS 计划（图 4 - 13）。其研究成果已应用于 F - 16 和 F - 35 战机，形成装备。结果表明，在传感器领域采用通用模块、资源共享及重构设计概念后，航电系统的电路模块由 63 种减少到 21 种，造价和重量减少了一半，可靠性提高陡 3 倍，功耗降低了 2/3。

在海军方面，1996 年海军研究局启动先进多功能射频系统项目，后演变成为先进多功能射频概念（AMRFC），并于 2004 年通过了平台测试。该项目演示验证了各种舰载射频功能的综合集成。多功能、一体化的设计减少了舰船上天线的数量，大大提高了军舰的隐身性能。图 4 - 14 给出了多功能射频概念的示意图，以及在射频资源整合和功能综合集成后舰艇所具备的多项功能。

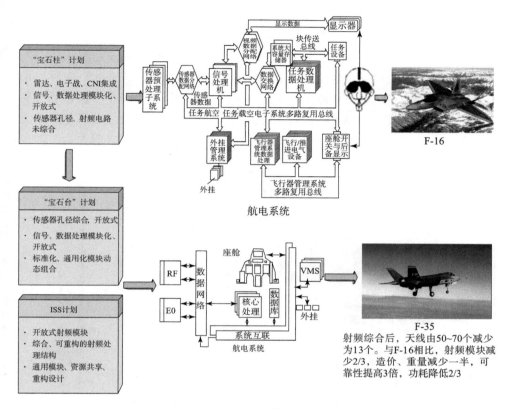

图 4 - 13　美国空军射频综合化项目

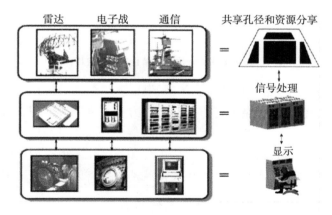

图 4 - 14　美国海军综合射频项目

　　在陆军方面，美军针对陆军装备的特殊性，也在积极地进行射频综合化研究。其首先在发展新一代战车系统时应用了综合射频雷达系统的概念，对坦克战车上的电子系统进行整合，以提高电子系统的综合性能，减少系统的空间和质量。典型的"未来战斗系统"，尽管因诸多原因下马，但其对战斗车辆的射频综合化具有典型的意义，并将研究成果应用于装备研发中。如图 4 - 15 所示，对战斗车辆的射频综合化整合了卫星通信系统、战斗识别系统、车际通信系统、前视防撞系统、多功能雷达系统、无线电通信系统等多个系统，通过相应的天线，在射频接收单元对这些系统的信息进行融合，最终在信息处理单元完成整车电子系统的信息综合。据统计，应用了综合射频传感器之后，其成本、体积、质量为原来独立系统的 1/2，可靠性为 3 倍，功耗为 2/3。

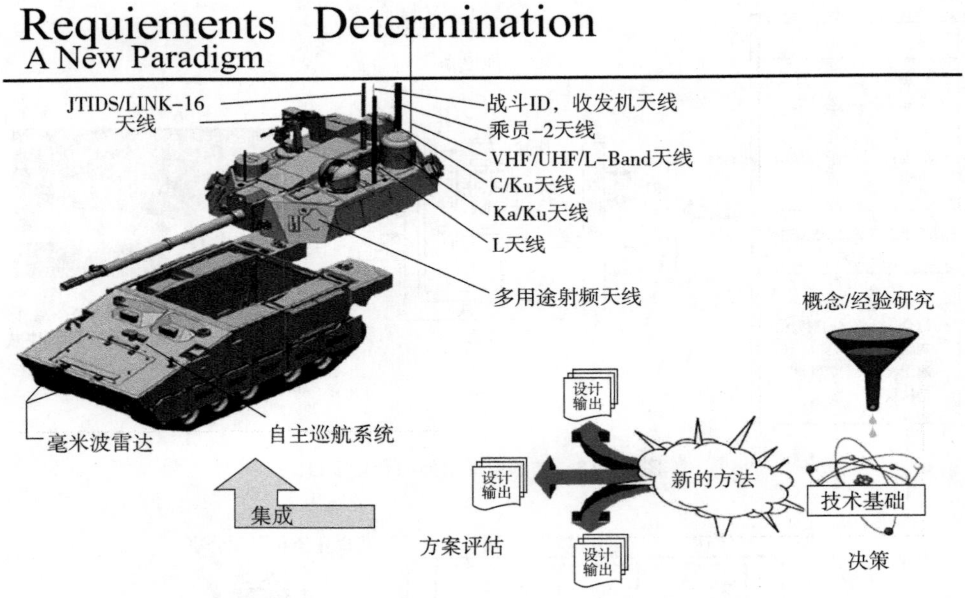

图 4 - 15　美军新一代战车综合射频系统概念图

美陆军在综合射频方面的研究不仅局限于陆基车辆平台；在无人平台、火炮平台、防空平台和单兵装备等方面，美军方都在进一步论证完善综合射频系统概念，并致力于以统一的综合射频架构对整个陆军装备的信息化设备进行规划和整合，从而改善其目前陆军装备信息化和数字化发展过程中所面临的问题和困境。因此，目前车载平台射频传感器装备主要有以下几个发展趋势。

1. 射频综合趋于功能可扩展、系统可重构

射频综合化的发展，将不仅是针对单个作战平台的综合，而且是针对作战体系中的多个作战平台的射频综合，将具备可扩展、可重构、多功能的特征。

美国军方在发展射频综合化技术的基础上，非常注重对可扩展系统概念的研究和应用。2008 年美国海军部门开展了 Intop 计划，以支持开发可扩展多功能综合射频系统。该系统采用模块化、开放式设计，能够通过基本孔径模块的扩展应用于多级军舰、陆基雷达和无人机平台的集成电子战、雷达和通信功能的可扩展多功能综合孔径。在相关报道中，其构建了囊括护卫舰、武器定位雷达和无人机 3 种平台的作战场景，将基本孔径单元的扩展和重构用于护卫舰、地基武器定位雷达和无人机（C－RAM 作战场景）的多功能孔径，实现了 3 种不同平台雷达、电子战和通信等多种功能的综合，并构建出 3 种平台协同作战的联合作战模式，如图 4－16 所示。

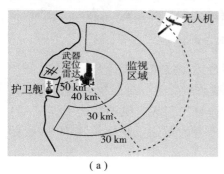
（a）

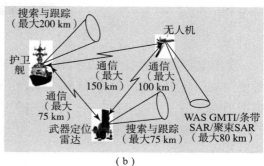
（b）

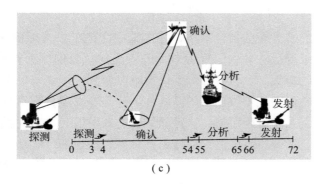
（c）

图 4－16　可扩展多功能综合射频系统
（a）作战场景；（b）功能说明；（c）联合作战方式

美国海军为满足新一代战舰探测的需求，提出双波段雷达概念（图 4－17），即前端采用工作于两种波段（X 波段和 S 波段）的 AESA 有源电扫描阵列天线，与后端的共用设备构成一体化综合雷达系统，实现本舰协同探测能力，系统包括了 AN/SPY－3 型 X 波段多功能雷达（雷声公司研制）、AN/SPY－4 型 S 波段远程体搜索雷达（洛·马公司研制）。

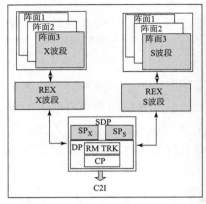

图 4-17 DBR 双波段雷达

美国空军启动的 MP-RTIP 项目（多平台雷达技术插入计划），将对空和对地探测综合在一起，采用 AESA 有源电扫描阵列雷达，通过射频组件的不同扩展形式应用于不同平台。其中，应用在"全球鹰"无人机的雷达系统采用 4 片射频组件构成，固定翼机 E10A 和直升机平台的雷达系统则采用 10 片射频组件构成。

2. 战场感知趋于组网化、协同化、综合化

传统的车载多传感器信息融合系统，基本集中在单车多传感器融合方面。这种系统一方面易于受敌方打击，导致被攻一点而伤全身的局面；另一方面，受车载系统体积和功耗限制，各种探测系统也难以做到协调统一工作。随着无线网络技术，特别是低功耗无线自组织网络技术的飞速发展，利用多车构成网络化的多传感器融合系统成为可能。这种网络化的系统极大地增强了系统的可扩展性和可维护性，增强了系统的灵活性，并且可方便地进行信息共享，使得分布式的融合系统结构更易于实现，提高了系统的可靠性、故障容错能力和抗打击能力，且基于网络的信息融合系统允许融合中心具有处理远程传感器测量数据的能力，扩大了探测范围。因此，网络化的多传感器融合系统已经成为一个重要的发展趋势，其应用范围和作用在不断扩大。

3. 电子对抗趋于分布式、协同化

坦克装甲车辆在新的作战环境下的防护需求不断提升，在传统装甲被动防护的基础上，主动防护系统逐步被认可和接受，并在近些年得到了较大发展，一向不重视地面武器主动防护系统发展的西方国家也一改前例，在 2004 年和

2006 年的"欧洲萨托利陆军装备展览会"上，法国和德国都展出了各自设计的主动防护系统。由此不难看出，坦克装甲车辆主动防护系统已经成为坦克装甲车辆防护的发展趋势。

主动防护系统是坦克装甲车辆用于拦截、摧毁或者干扰敌方来袭弹药的智能化自卫系统，分为以弹药对抗为主的"硬杀伤"和以干扰对抗为主的"软杀伤"两种类型。其中"软杀伤"手段由于其较高的作战效费比，更是受到了各军事强国的重视。

但目前干扰系统在集群作战中受到了较大的限制。例如，在某次对抗试验中，1 部干扰机可以对 4 部雷达形成有效干扰，而 4 部干扰机却无法对 10 部雷达形成有效干扰，依然使得武器系统能够达到火力发射条件，多部干扰机的干扰效果竟然小于单部干扰效果的简单叠加。究其原因，在于多部干扰机形成的干扰网络，没有进行数据融合、形成统一的威胁态势，从而无法对网络中的干扰机进行有效的任务规划，使得干扰机在选择干扰目标时，具有一定的盲目性。在多部雷达独立工作的情况下，多部干扰机尚不能达到预期的干扰效果。目前，随着雷达组网系统的出现，雷达的探测精度得到了进一步提高，抗干扰性能也大幅提升。例如，集中式雷达组网系统可以根据同源检测准则剔除假目标；分布式雷达组网系统可以根据航迹关联消除由于干扰而形成的虚假航迹；同时，在受到压制类干扰时，雷达组网系统采用无源侦察可以得到精度稍低的目标探测结果，用以应对采用距离－速度欺骗干扰的平台自卫干扰机。

4. 信息传输向多样化、网络化发展

传统装甲平台的通信方式以低速率的语音通话为主。在现代战争中，为了满足陆军空、天、地，有人无人，以及车间等不同协同作战需求，未来陆航机载平台需要发展多样化网络通信能力，包括：发展自组网通信，满足车间协同作战时实时高容量信息传输需求；发展无人控制保密数据链，实现己方有人对无人的绝对控制和战争感知信息的实时共享；发展远距离空地数据链和卫星通信，实现空、天、地战场行动的协调一致。

4.4.3　车载射频传感器综合技术

装甲平台多功能综合射频技术主要对装甲平台的射频传感器资源进行统一规划和整合，通过射频天线、射频前端、信息预处理与控制等资源的共用与复用，形成针对主战坦克和支援战车射频功能需求的宽带综合孔径，实现雷达探测、电子对抗、通信导航、敌我识别等功能的综合，使装甲平台系统具备全天候战场环境下的快速战场态势感知、电子对抗、敌我识别、多维通信及导航定位等能力。通过射频资源的共用与复用，减少了系统的体积和重量，大大提高了车载系统电子设备的可靠性、可维修性，并显著降低系统的全寿命周期成本。

1. 射频综合的特点

装甲平台系统射频综合的特点主要包括以下几点：

（1）频带宽。陆基装备从几 MHz 覆盖到 100 GHz 以上波段，覆盖了目前使用的整个射频频域范围。

（2）功能全。除了对地和对空雷达、通信和电子对抗功能外，针对陆基平台，需要发展对抗高速弹丸目标、毫秒级快速响应、极近程探测距离的毫米波主动防护，以及复杂路障告警等功能，综合射频系统需要支持更全面、更广泛的功能。

（3）时效强。由于地面战车相比空中飞机、海面舰艇而言，机动性差，所以全域、全时受到敌方攻击武器的威胁。特别是针对装甲平台、自行式火炮平台，除了装备高效反应装甲外，主动防护技术是实现自我保护的有效手段。而主动防护系统探测目标的距离只有几十米，工作周期极短，对系统时间资源的占用率大，因此，射频综合系统的资源分配任务更加艰巨，特别是时间资源十分紧张。

（4）环境恶劣。由于地面起伏、凹凸不平，地面陆基平台振动频率虽然低，但是振动冲击大，特别是在火力打击时冲击更大，抗强振动冲击是系统必须考虑的。陆军平台综合射频系统不能采取类似飞机高速飞行而形成的自然风速对系统进行散热，只能采用强制风冷散热，散热效果差，造成工作环境更加恶劣。

（5）质量轻、体积小。陆基装备平台的空间狭窄，体积和质量要求更加严格，对综合射频系统的高度综合化、集成化、轻量化提出了更严格的要求。

（6）低成本。低成本是装甲平台系统发展的基本要求，因此在产品的研制阶段，需要对射频系统的功能、技术方案、硬件选型、软件工程等问题进行综合优化，在降低系统成本的前提下，提高系统综合效能。

2. 射频传感器综合分类

根据系统功能需求，综合考虑频段规划、技术体制等多种因素，将射频综合分成以下几类。

1）射频前端综合

射频前端综合，是指不同射频功能间共享天线孔径、射频通道及射频资源，各射频功能间没有明确的硬件资源划分，不同射频功能通过相应的功能软件调度即可实现，整个系统通过资源管理与调度构成一个有机的功能整体。

2）数字处理综合

数字处理综合，是指不同射频功能间共享一套数字处理平台资源，不同射频功能通过软/硬件重构的方式实现对处理平台部署不同软件组件，完成不同的应用功能；系统可以灵活实现处理资源的调度，按业务需求进行配置和集成，可支持多业务应用；系统能够灵活地被实现、集成、维护和测试，系统的轻便性、互操作性和可复用性能够长期保持，以应对未来的变化。

3）信息综合

信息综合，指对主动雷达、通信信息、无源侦察信息等多传感器信息进行融合共享，以避免单一传感器所获取数据的不精确、不完整、不一致以及易受敌方干扰等劣势。

4）射频综合

射频综合传感器系统通过采用共用和复用孔径、分布式有源阵列、射频多通道处理、超宽带射频、软件无线电等技术，构建小型化、易扩展的开放式综合信息处理平台，从而以尽量少的射频天线和前端硬件实现雷达探测、电子对抗、通信导航与敌我识别等多种任务，避免了功能简单累积导致的电子设备体积、质量的增大和功耗的急剧上升，大大提高了战车的通信、指挥控制及综合作战效能。

射频综合传感器系统是一个模块化、通用化系统，由大量的通用化、标准化模块组成，通过加入不同的软件实现不同的传感器功能。从硬件的角度来看，已经难以区分雷达、通信导航识别、电子战等功能的硬件模块和设备。通用化、标准化的硬件模块增加了单一传感器功能的可用物理资源，提高了单个传感器执行任务的冗余度和可靠性。另外，由于采用了开放式的体系架构，标准化、模块化水平大大提高，这就从根本上为提高系统的可靠性、维修性、保障性以及实现二级维修体制奠定了基础，也为降低车载电子设备的全寿命周期费用奠定了基础。

3. 射频前端综合技术

根据装甲平台功能与频段划分，其在前端射频资源综合方面主要综合为以下几个孔径：毫米波综合孔径、分布式超宽带综合孔径、低波段复合孔径。

1）毫米波综合孔径前端技术

毫米波综合孔径天线工作在 Ka 频段。如图 4 - 18 所示，采用集成式两维有源相控阵体制毫米波综合孔径天线，通过对数字收/发子阵进行模块化拼接构成完整的阵列，可实现覆盖 ±45°空域范围的两维电扫。天线在安装过程中，可根据直升机载体外形选择平面或共形的排布方式。

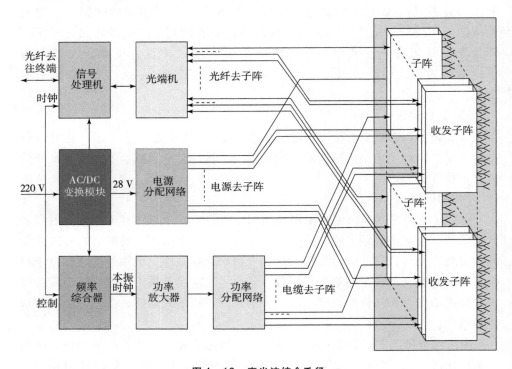

图 4 - 18　毫米波综合孔径

毫米波综合孔径的工作过程：发射信号时，数字收/发子阵通过光纤接口接收信号处理机发来的控制命令，按照控制命令产生相应脉冲重复周期、脉冲宽度、信号带宽的中频发射激励信号，经过上变频、滤波、功率放大等产生要求功率的射频激励信号，输出给对应的天线单元；接收信号时，数字收/发子阵可对天线单元接收到的射频回波信号进行限幅保护、低噪声放大、下混频、滤波、STC、放大、A/D 采样、DDC 等处理，将数字化的回波数据通过光纤接口发给信号处理机。

（1）子阵实现技术。考虑到天线孔径的载体通用性以及集成模块化的设计思路，可选择 4 ×4 规模的数字化子阵模块作为基本的功能单元。图 4 - 19 给出了毫米波数字化集成子阵的内部构成框图。

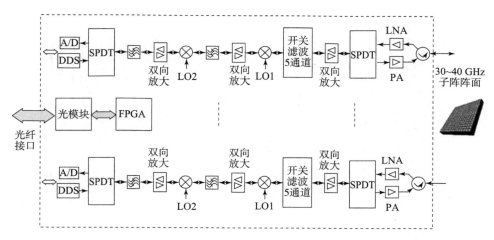

图 4 - 19　毫米波集成子阵构成框图

由图 4 - 19 可知，针对发射部分，本方案拟采用以 DDS 为核心组成数字式的集成模块，代替原来由移相器、微波衰减器等构成的模拟模块，这样既可产生各种复杂的雷达波形，又可以实现波形捷变，同时完成各天线单元的幅度、相位加权运算，控制天线阵的发射波束合成，而接收部分拟采用数字波束形成技术实现。根据系统的具体功能需求在数字处理器平台上实现对阵列单元/子阵输出信号的幅相加权，以获得赋形波束、低副瓣波束、和差波束、多功能同时多波束等特性，充分发挥多功能系统的潜力。

子阵模块在结构上采用高频封装技术（LTCC、多层混压、Si 基集成等）将宽带辐射单元与射频及数字通道共同烧结为一个整体，对外预留本振、电源及数字接口，波束控制及综合射频控制单元与子阵模块集成为一体。

（2）单元方案及阵列仿真。天线单元拟采用多层耦合式的微带贴片结构实现（图 4 - 20）。首先通过带状线缝隙耦合结构对下层主贴片进行馈电，然后将主贴片辐射的能量经由内部空间耦合至顶层的寄生辐射贴片。此外，为拓展单元带宽并优化其辐射性能，可在主贴片上方设置内埋空腔结构。整个天线单元的剖面可控制在 2 mm 以内。

在阵列单元设计的基础上，为全面评估毫米波二维阵列的电气性能，分别选择平面阵列与共形阵列两种方案做对比。二维共形阵列沿半球表面排列，球面半径为 212 mm，其中阵列方位维对应的球面中心角为 60°，俯仰维对应球面中心角为 25°，其具体排列结果如图 4 - 21 所示；图 4 - 22 和图 4 - 23 给出了平面阵与共形阵的辐射方向图对比结果。

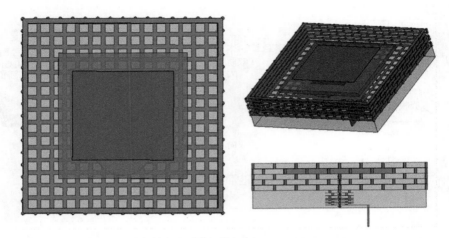

图 4 – 20　毫米波有源相控阵天线单元示意

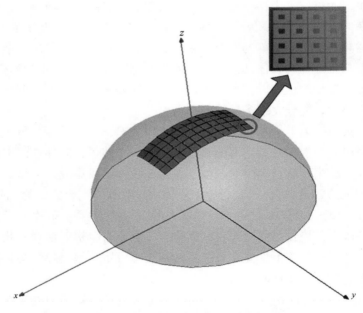

图 4 – 21　毫米波有源相控阵天线排布示意

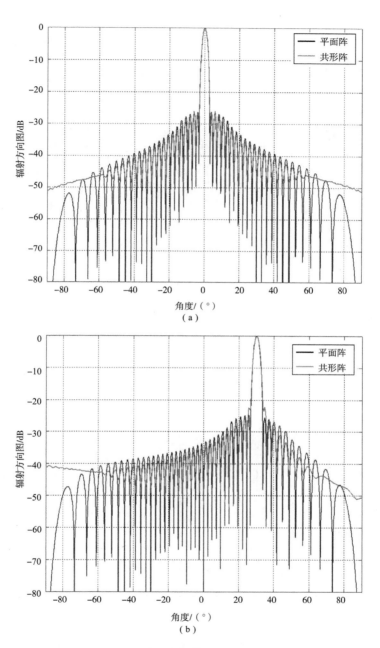

图 4 - 22 方位维辐射方向图（见彩插）

（a）扫描 0°；（b）扫描 30°

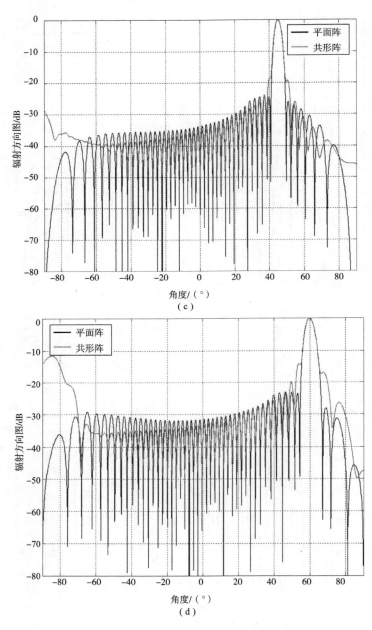

图 4 - 22 方位维辐射方向图（见彩插）（续）

（c）扫描 45°；（d）扫描 60°

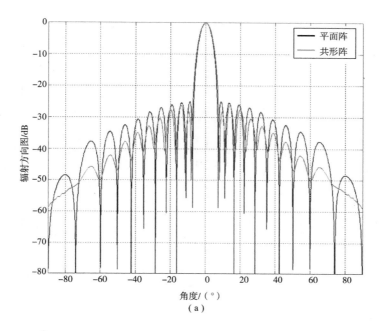

（a）

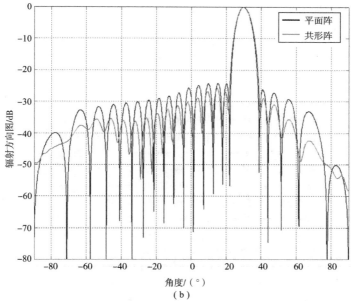

（b）

图 4 – 23　俯仰维辐射方向图（见彩插）

（a）扫描 0°；（b）扫描 30°

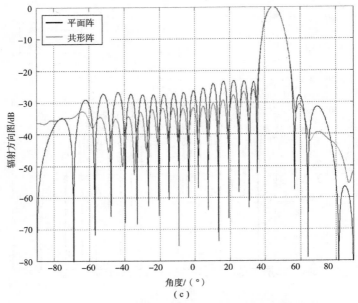

图 4 - 23　俯仰维辐射方向图 （见彩插） （续）

（c）扫描 45°

2）分布式超宽带综合孔径前端技术

分布式超宽带综合孔径覆盖厘米波段的超宽频率范围，单个阵面按照 16×16 矩形栅格形式均匀排列，如图 4 - 24 所示。

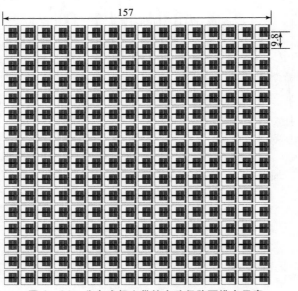

图 4 - 24　分布式超宽带综合孔径阵面排布示意

　　考虑到阵列的快速模块化组合与灵活可重构需求，每个分布式孔径均采用 4×4 标准化数字式集成子阵作为其基本功能单元。如图 $4-25$ 所示，每个集成子阵分别由天线阵面、射频垂直互联层、射频电路、数模转换、光纤等部分构成，并包含 16 路独立的收发通道。

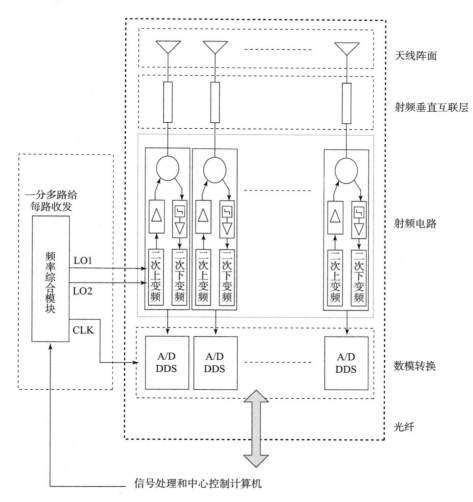

图 4 – 25　天线子阵构成框图

　　超宽带数字 T/R 组件内部还包含电源变换电路、数据及控制电路、光/电转换电路、4 种信号分配电路、16 个收/发通道及控制软件等。每个集成收/发子阵通过电源接口、光纤接口、时序控制接口、时钟信号接口及本振接口融入整个综合孔径。收/发子阵的内部组成如图 $4-26$ 所示。

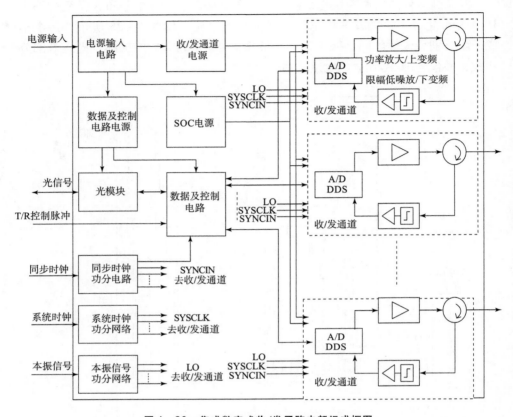

图 4 – 26　集成数字式收/发子阵内部组成框图

　　整个孔径的工作过程如图 4 – 27 所示：由频率综合器送来的本振信号、系统时钟信号和同步时钟信号分别经过功率放大、16 路等幅同相功分后发送给 16 个收/发子阵；由信号处理机产生的 16 路 T/R 控制脉冲分别发送给收/发子阵；由信号处理机产生的 16 路控制和光数据信号通过 16 路光纤发送给收/发子阵，收/发子阵接收的回波数字光信号通过同一光纤送给信号处理机；收/发系统电源变换的直流电各通过两对双绞线分别发送给 16 路收/发子阵、本振信号放大器、时钟信号放大器和同步信号放大器。集成子阵包含 16 个独立收/发通道，DDS 产生激励信号经过上变频与功率放大后通过环形器发送给天线单元，天线接收的目标回波信号经过环形器、限幅低噪声放大、下变频、ADC、DDC 和光/电转换，以光信号形式发送给信号处理机。

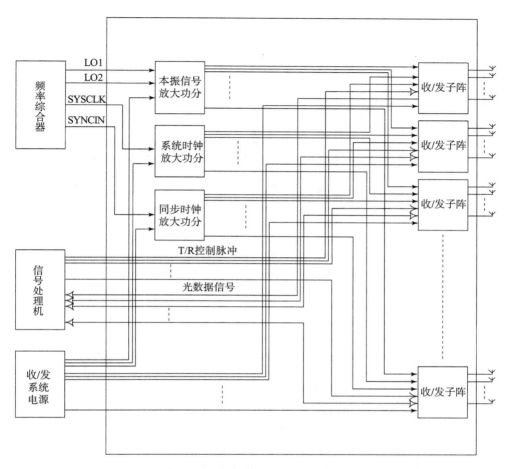

图 4 – 27　超宽带综合孔径组成框图

（1）超宽带天线单元技术。阵中辐射单元为宽带耦合对称阵子（图 4 – 28）。宽带阵子是一种典型的平面天线结构，具有宽频带、宽波束等特点，是一种常用的超宽带天线形式。交叉对称阵子可以非常简单地实现双极化，通过两种极化方式之间的容性耦合调节天线的宽带特性，最终设计的天线具有很好的对称性和较低的交叉极化电平。

天线的馈电结构拟对平衡馈电或非平衡馈电进行改进（图 4 – 29）。这两种结构都与阵面垂直，通过穿过金属屏蔽结构或支撑结构的探针或金属化过孔馈电。天线的馈电端口拟采用内芯毛纽扣形式、外层介质支撑的类同轴结构。毛纽扣具有类似于弹簧一样的伸缩特性，能够保证天线与射频部件的紧密连接，同时其引入的电感能够匹配一部分交叉阵子之间的耦合电容，有利于天线

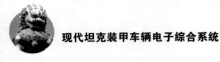
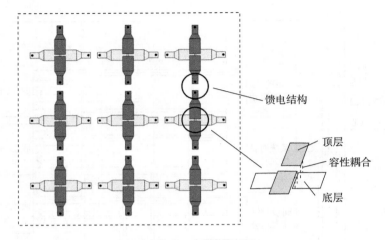

图 4 – 28　宽带阵子天线

整体具有宽带特性。该馈电结构很容易与辐射阵面的平面结构集成，且易与后端射频系统连接，最终实现天线的平面模块化。

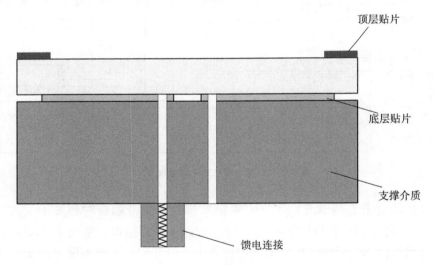

图 4 – 29　天线侧视分层示意

（2）收/发通道技术。收/发通道主要由数/模转换、发射通道和接收通道组成，主要完成激励信号产生和功率放大、目标回波信号的接收、ADC 和 DDC、激励信号的自校准和同步功能，如图 4 – 30 所示。

其中，射频电路部分完成微波高放、混频、接收低噪声放大、滤波变频等功能。对于接收通道现阶段比较常用的是超外差二次变频方式，通道接收机把

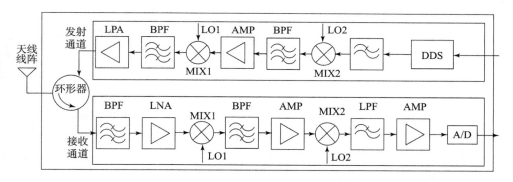

图 4 - 30　数字收/发通道结构示意

辐射单元经环形器输出的射频信号，首先经过射频滤波与射频本振经射频混频器混频，再通过射频滤波器滤波后得到高中频信号，该信号经放大后与中频本振信号混频，再经滤波、放大得到中频信号，最后通过 A/D 转换及数字下变频电路输出数字信号。对于发射通道，其主要过程是通过 DDS 产生一定功率的中频信号，经两次混频、滤波、放大后送至天线单元。

3）低波段复合孔径前端技术

低波段复合孔径的主要功能是实现短波/超短波通信、数据链、自组网通信等，这类功能通常要求天线具有全向辐射方向图。不同于定向窄波束天线，宽波束全向天线的电性能与车体的几何形状、大小等有很大关系。短波/超短波车载通信天线的设计，需要结合车身大小选择合适的车载天线的安装位置。对于同一种类型天线，装在不同的车载平台上，电性能差别就比较大。即使在同一车辆平台，同一个天线安装在车体不同的位置上，其电性能也不一样。因此，低波段复合孔径天线的设计需要充分考虑天线与车之间存在的相互影响与制约。此外，如前所述，适应未来车辆平台高速机动、隐身等需求，多波段复合孔径天线的设计要求小型化、轻量化、低剖面，且尽可能地利用载机的外形结构，做到结构一体化与共形设计。同时，必须在不破坏机身结构强度、绝缘强度及耐压性能的情况下，满足各项环境条件要求。

基于此，考虑到技术可实现性、可行性，低波段复合孔径天线按照频率高低划分为两个天线孔径，分别覆盖 0.002 ~ 0.03 GHz（HF 波段）以及 0.03 ~ 3 GHz（VHF、UHF、L/S 波段）频率范围。具体来说，初始设计时，低波段复合孔径天线的设计可采用与车体结构相共形的机载隐蔽式天线结构形式。

结合具体实际，0.002 ~ 0.03 GHz 的 HF 波段天线孔径采用回线天线形式。回线天线损耗相对较小，效率相对较高，可以近似地被看成一个终端短路的有耗传输线。由天线的结构可以看出，它基本上是一段均匀传输线。这样的一个传输线的损耗由两部分组成，即导体的电阻损耗和缝隙的辐射损耗。回线天线输入阻抗的实部一般较小，必须加调配装置。考虑到该天线一般呈现感性，需采用容性调配装置进行匹配。

对于 0.03~3 GHz（VHF、UHF、L/S 波段）的天线，拟采用尾帽天线形式。尾帽天线属于隐蔽式振子天线，可以将尾翼本身看作一具天线。目前制造尾帽天线的工艺方法有：①把金属箔嵌在介质整流罩里；②把金属网嵌在介质整流罩里；③在介质整流罩上喷金属层；④在分层的介质内部压入金属网。此外，也可采用特殊开槽结构的椭圆微带天线或共口径的刀形微带天线（图4-31）来完成 0.03~3 GHz 的一体化设计。

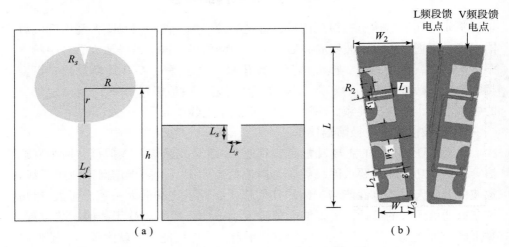

图4-31 宽带 VHF、UHF、L/S 波段一体化微带天线
（a）开槽结构的椭圆微带天线；（b）刀形微带天线

4. 数字处理综合技术

数字处理综合技术主要用于解决多功能同时或分时运行时计算资源的问题，其需要从顶层设计着手来解决硬件平台的模块化、标准化问题，使平台既有统一的结构，又具有内在的灵活性，以满足车辆作战平台未来作战需求。

（1）平台硬件模块划分应强调硬件模块的属性及其实现的继承性，而不是功能的配置，使硬件模块设计和实现具有通用性和开放性。

（2）为了保证车载功能软件的可靠性，提高软件在全生命周期中的可维护性和可移植性，需要在开放式软件架构规范约束下设计，实现硬件平台与功能软件的解耦，提高软件的可移植性与可重用性。

（3）平台设计应具有可扩展性，支持新能力的插入。平台能在原有硬件模块基础上，通过增加新的硬件模块或在已有的硬件模块中增加新的属性、新的波形或组件来实现新的功能；同时，平台需要支持功能波形组件的即插即用，需要组件的通信接口、控制接口标准化。

（4）完整和详细平台规范公开后，第三方就可以提供系统内部模块，软件开发人员就可以确定硬件的性能和容量以加载特定的波形，为新技术和新功能的插入提供便利。

根据未来装甲平台的作战构想和功能要求，直升机载多功能综合射频处理一体化平台应具备以下特点：

（1）无线连接。按射频综合发展趋势，一体化平台需要同时容纳短波/超短波通信、数据链、自组网通信、卫星通信、导航、敌我识别、辐射源探测、雷达探测和地形探测等多种作战功能的收/发频段，支持多个频段同时收/发，每个频段都能数字化。

（2）无线处理。硬件平台采用 FPGA、DSP、GPP（PowerPC、ARM、X86）进行雷达信号处理、通信导航信号处理、干扰对抗信号处理、多源信息融合、战场态势分析处理、系统资源智能管理、协议处理等。

（3）有线连接。硬件平台具备以太网接口，以方便系统接入以平台为中心的 C^4I 系统或以网络为中心的 C^4I 系统。

（4）安全保密。硬件平台需要具备加/解密及密钥控制验证机制，保证信息在收/发、处理、存储过程中的机密性和完整性，能够对不同安全要求等级的信息进行传输和收/发。

1）数字处理综合硬件技术

数字处理综合硬件需要按标准总线、模块化进行划分，并从平台可升级、可扩充以及未来即插即用、支持软件动态重构等需求出发，平台采用了全交换架构及模块通用化设计，系统架构如图 4 - 32 所示。

数字处理综合硬件平台架构由光/电转换模块、交换接口模块、通用数字信号处理模块、通用数据处理模块、通用存储模块和主控模块组成，所有模块之间通过 RapidIO 和以太网互联。交换接口模块是高速交换网络的数据交换中心，负责数据在各个模块间的交互和分发；通用信号处理模块主要为计算密集型功能提供硬件环境，采用多 DSP + FPGA 架构；通用信息处理模块主要负责数据分析和信息融合等功能，采用多 GPP 架构；通用存储模块包含存储控制器和大容量存储介质，存储介质采用商业模块，存储控制器负责数据存取和协议转换；主控模块主要负责交换网络配置、模式控制、任务管理、设备管理、波形部署与重构管理等，采用 GPP 架构。

2）数字处理综合软件技术

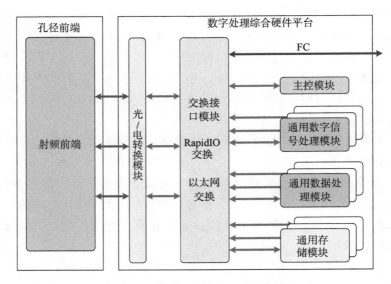

图 4 - 32　数字处理综合硬件平台架构

从功能软件、硬件解耦合需求出发，数字处理综合一体化平台软件采用分层的软件架构，将功能软件与底层硬件分开；通过功能波形的组件化分解、符合架构规范的组件设计及基于 CORBA 的软总线技术，支持不同功能波形一致部署方法及波形组件的即插即用。

数字处理综合一体化平台软件架构分为 4 层，从上到下依次为波形应用层、软总线层、操作系统层及硬件平台层，如图 4 - 33 所示。平台中的软件架构建立在 CORBA 规范、SCA 规范及 HAL API 之上，通过 CORBA 中间件、HAL API 及 SCA CF 实现了功能波形组件的软件总线，为各功能软件组件之间进行数据传输提供的虚拟公共通道和接口界面，支持软件的即插即用。

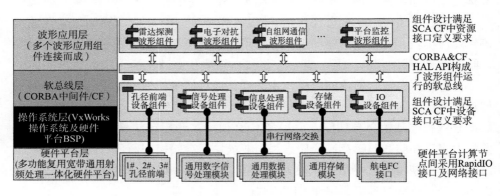

图 4 - 33　数字处理综合一体化平台软件架构

平台标准化、开放的软件架构，把应用与底层硬件分离，为不同功能波形运行提供了一致的操作环境，为不同功能波形部署提供了一致的方法：①波形组件、设备组件（硬件设备的软件代理）的开发遵循 SCA 规范中 Resource 接口及 Device 接口进行设计，从而统一了不同功能波形组件的设计方法及数据接口、控制接口、部署机制等。②波形组件之间的数据传输采用 CORBA 传输机制和 HAL API，统一了不同功能波形组件之间的数据传输接口。③GPP 上波形组件之间的通信采用 CORBA 传输机制，GPP 上波形组件与 FPGA、DSP 上波形组件之间通信采用 HAL API，通过硬件抽象层设备组件（一个特殊的设备组件，不是一个真实硬件设备的软件代理，而是完成 HAL 为波形组件提供的服务）调用驱动 API 完成数据传输（图 4 – 34）。④设备组件与真实硬件设备在平台软件中的代理，主要负责硬件设备的控制与管理，对于 GPP、FPGA、DSP 这类可加载处理器，还负责其上的波形组件加载与卸载。

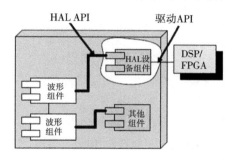

图 4 – 34 GPP 上波形组件与 DSP、FPGA 上波形组件通信接口

（1）波形组件化分解。多功能复用宽带通用射频处理一体化平台功能波形设计，首先面临的是各种功能软件的分解。雷达、电子战、CNI 在工作方式和功能上有较大差别，采用的处理过程和方法也完全不同，因此需要针对不同的应用分别设计各自的波形组件，并最终形成可重用、可移植的波形组件库。

对于雷达探测、地形探测等雷达应用功能，虽然信号形式、时序关系、工作波段、工作模式和运算复杂程度都有很大差别，但在基本工作原理上相差不大，系统构成和处理节点也比较固定，并且各个节点之间的接口比较明确。因此，按照处理节点进行组件划分比较合理。

对于电子对抗、辐射源侦察、定位、告警及对抗等电子战应用功能，也可以划分为一系列接口比较明确、运算方式比较固定的处理节点，因此也可以按照处理节点进行组件划分。

对于毫米波通信、敌我识别、短波/超短波通信、数据链、自组网通信和卫星导航等通信和导航的应用，根据成熟标准，一般按照物理层、MAC 层和网络层进行波形组件划分（图4-35）。

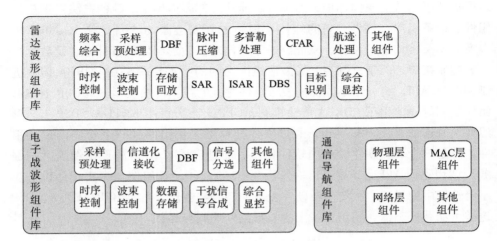

图4-35　不同应用波形组件分解

无论哪种应用波形组件，其划分方式都要遵循高内聚、低耦合的原则，并且要严格按照SCA规范进行设计开发，保证组件的高度可重用性和可移植性。

（2）波形验证。基于功能组件的装甲平台通信导航识别系统、雷达、电子战波形功能快速构建，典型波形功能移植以及地面等效试验，需要在多功能复用宽带通用射频处理一体化平台上进行验证，形成支持通信导航识别系统、雷达、电子战波形的加/解密、协议解析、语音、图像视频传输、导航识别、信号处理等波形组件库。

在一体化平台上的实时验证，需要将波形运行环境（CORBA中间件、CF及HAL API）一体化硬件平台集成，构成一个适合通信、导航、识别、雷达探测、电子侦收等功能波形演示验证环境，如图4-36所示。

第一，计算机系统上将运行波形管理与监视软件，同时通过网络文件系统软件将波形组件库所在文件目录挂接在主控模块的文件系统中，以方便功能波形的部署。

第二，主控模块上的GPP在一体化平台中作为主CPP节点，其上将加载并运行域管理器（Domain Manager）、设备管理器（Device Manager）和波形组件，负责响应计算机加载波形、卸载波形命令，进行波形的加/卸载，同时跟踪整个平台的状态，并将信息返回给计算机系统。

第三，通用数字信息处理模块上的GPP在一体化平台中作为从GPP节点，其上将加载设备管理器和波形组件。

第四，一体化平台上GPP之间的流数据通过CORBA软总线交换，FPGA、

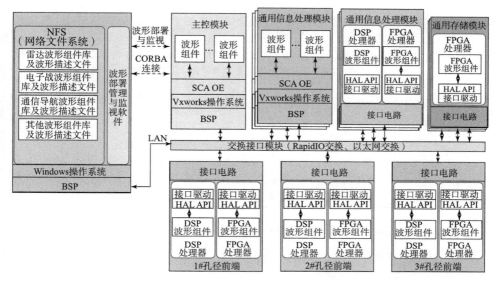

图4-36 一体化验证平台软/硬件集成

DSP与GPP之间通过HAL进行交换。

第五，考虑到装甲平台作战时多个功能波形同时工作场景，一体化平台支持多波形动态部署。

4. 信息综合（融合）技术

装甲平台信息综合技术需要通过整合车载雷达、电子对抗、光电稳瞄、敌我识别、通信等多频谱探测器资源，实现不同传感器之间战场实时信息的选择性共享与融合处理，提升车载装甲平台的战场态势感知能力，扩大对战场目标的跟踪、定位精度，适应未来高度信息化战场发展的趋势。

各种传感器的装备特点如表4-3所示，信息综合技术即是综合不同传感器的特点，实现各传感器的扬长避短，满足未来车辆平台作战使命需求。

表4-3 装甲平台传感器的特点

传感器	主要特点	缺点
火控雷达	作用距离远，搜索区域大且扫描速度快，全天时、全天候工作能力强	精度差，容易受到敌方电磁干扰
可见光	分辨率高，不受电子干扰，工作时不易被对方发现	作用距离近，在夜间或者复杂气象条件使用受限

传感器	主要特点	缺点
红外	作用距离远（相对于可见光），分辨率高（相对雷达），可用于夜间侦察和跟踪	全天候作战能力差，且容易受各种热源干扰
激光指示器	分辨率高，测距精度高，抗干扰能力强	受烟尘、雾霾等大气环境影响大
无源侦察（含干涉仪）	被动，作用距离远	定位精度差
数据链	数据源丰富，信息量大（地面、空中等）	实时性差，可信度低

下面对装甲平台信息综合各种关键技术进行详细分析。

1）信息综合架构技术

多传感器信号综合（融合）的结构一般可划分为集中式结构、分布式融合结构以及混合式融合结构，各综合结构特点如下：

（1）集中式结构的特点是将各个信源的量测传给融合中心，由融合中心统一进行目标跟踪处理。该结构充分利用了信源的信息，系统信息损失小，性能比较好；但系统对通信带宽要求较高，系统的可靠性较差。根据信源量测是否处理，集中式结构具体分为两种形式，即无跟踪处理的集中式结构和有跟踪处理的集中式结构。

（2）分布式融合结构的特点是先由各个信源模块对所获取的量测进行跟踪处理，然后再对各个传感器形成的目标航迹进行融合。该结构的信息损失大于集中式结构，性能较集中式结构略差，但可靠性高，并且对系统通信带宽要求不高。分布式融合结构具体分为 3 种形式，即有融合中心的分布式融合结构，无融合中心、共享航迹的分布式融合结构，以及无融合中心、共享关联量测的分布式融合结构，如图 4 - 37 所示。

（3）混合式融合结构是集中式和分布式两种结构的组合，同时传送各个信源的量测以及各个信源经过跟踪处理的航迹，综合融合量测以及目标航迹。该结构保留了集中式和分布式两种结构的优点，但在通信带宽、计算量、存储量上一般要付出更大的代价。

考虑到装甲平台信息融合处理的是各信源输出的航迹信息，因此，根据上述融合架构特点，可选择装甲平台信息融合处理为有融合中心的分布式融合结构。

分布式融合结构以较低的费用获得较高的可靠性和可用性，可减少数据总线的频宽并降低处理要求。当一个传感器降级，其观测结果不会损害整个多传

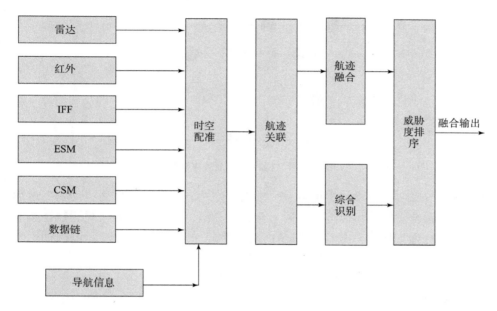

图 4 - 37 装甲平台融合架构及流程图

感器数据融合功能和特性；它可以逐步增加要实现自动化功能的数量，而且能使系统结构适应控制中心的操作要求。针对分布式多传感器数据关联与融合，对于融合节点而言，就是要处理局部航迹的关联与融合。

2）时空配准技术

各个信源获取目标航迹的周期往往是不一致的，要完成多传感器的航迹关联与融合，必须完成各信源所获取目标航迹信息在时间上的一致性，即实现时间配准。

目前的时间配准算法包括最小二乘法、外推法、内插法、外推内插结合法、最小均方误差融合法等。考虑到实时性要求，以及各信源提供的均为目标航迹信息，下面主要介绍时间段内插外推法。

如图 4 - 38 所示，在 t_1 时刻，只存在信源 1 的信息，此时不进行外推配准；在 t_2 时刻，信源 n 得到目标信息，将信源 1 在 t_1 时刻的信息采用外推法外推到 t_2 时刻，这时，信源 1 和信源 n 就可以进行航迹关联处理。在 t_3 时刻，信源 2 得到目标信息，则将信源 1 在 t_1 时刻的信息以及信源 n 在 t_2 时刻的信息分别外推到 t_3 点，然后信源 1、信源 2 以及信源 n 就可以进行航迹关联处理。

在同一时间段内对各传感器采集的目标观测数据进行内插、外推，将高精度观测时间上的数据推算到低精度时间点上，其算法为：先取定时间片 T；时

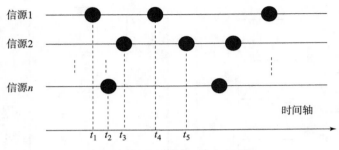

图 4 - 38 信源的目标航迹序列图

间片的划分随具体运动目标而异，目标的状态可分为静止、低速运动和高速运动，对应融合时间片可以选为小时、分钟或秒级。再将各传感器观测数据按量测精度进行增量排序。最后将高精度观测数据分别向低精度时间点内插、外推，从而形成一系列等间隔的目标观测数据以进行融合处理。

简要步骤如下：

取定时间段 T_M。时间片的划分随具体的运动目标而异。目标的状态可以分为静止、低速运动、高速运动，对应的时间片可以划分为小时、分钟或者秒级。对于实际的运动，具体时间片的划分根据具体机动大小、跟踪能力等一些参数来确定。

将各传感器观测数据按测量精度进行增量排序。

将各高精度观测数据分别向最低精度时间点内插、外推，以形成一系列等间隔的目标观测数据。

同一时间片内的观测数据常有多个，如图 4 - 39 所示。

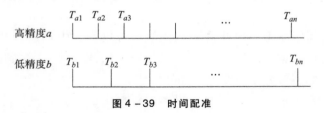

图 4 - 39 时间配准

高精度 a 向低精度 b 归结：

$$\begin{bmatrix} X_{a1b1} & X_{a2b1} & \cdots & X_{anb1} \\ X_{a1b2} & X_{a2b2} & \cdots & X_{anb2} \\ \vdots & \vdots & \ddots & \vdots \\ X_{a1bn} & X_{a2bn} & \cdots & X_{anbn} \end{bmatrix} = \begin{bmatrix} T_{b1} - T_{a1} & T_{b1} - T_{a2} & \cdots & T_{b1} - T_{an} \\ T_{b2} - T_{a1} & T_{b2} - T_{a2} & \cdots & T_{b2} - T_{an} \\ \vdots & \vdots & \ddots & \vdots \\ T_{bn} - T_{a1} & T_{bn} - T_{a2} & \cdots & T_{bn} - T_{an} \end{bmatrix} \times$$

$$\begin{bmatrix} V_{xa1} & 0 & \cdots & 0 \\ 0 & V_{xa2} & \cdots & 0 \\ \vdots & \vdots & \ddots & 0 \\ 0 & 0 & \cdots & V_{xan} \end{bmatrix} + \begin{bmatrix} X_{a1} & X_{a2} & \cdots & X_{an} \\ X_{a1} & X_{a2} & \cdots & X_{an} \\ \vdots & \vdots & \ddots & \vdots \\ X_{a1} & X_{a2} & \cdots & X_{an} \end{bmatrix}$$

$$(4-1)$$

$$\begin{bmatrix} Y_{a1b1} & Y_{a2b1} & \cdots & Y_{anb1} \\ Y_{a1b2} & Y_{a2b2} & \cdots & Y_{anb2} \\ \vdots & \vdots & \ddots & \vdots \\ Y_{a1bn} & Y_{a2bn} & \cdots & Y_{anbn} \end{bmatrix} = \begin{bmatrix} T_{b1} - T_{a1} & T_{b1} - T_{a2} & \cdots & T_{b1} - T_{an} \\ T_{b2} - T_{a1} & T_{b2} - T_{a2} & \cdots & T_{b2} - T_{an} \\ \vdots & \vdots & \ddots & \vdots \\ T_{bn} - T_{a1} & T_{bn} - T_{a2} & \cdots & T_{bn} - T_{an} \end{bmatrix} \times$$

$$\begin{bmatrix} V_{ya1} & 0 & \cdots & 0 \\ 0 & V_{ya2} & \cdots & 0 \\ \vdots & \vdots & \ddots & 0 \\ 0 & 0 & \cdots & V_{yan} \end{bmatrix} + \begin{bmatrix} Y_{a1} & Y_{a2} & \cdots & Y_{an} \\ Y_{a1} & Y_{a2} & \cdots & Y_{an} \\ \vdots & \vdots & \ddots & \vdots \\ Y_{a1} & Y_{a2} & \cdots & Y_{an} \end{bmatrix}$$

$$(4-2)$$

$$\begin{bmatrix} Z_{a1b1} & Z_{a2b1} & \cdots & Z_{anb1} \\ Z_{a1b2} & Z_{a2b2} & \cdots & Z_{anb2} \\ \vdots & \vdots & \ddots & \vdots \\ Z_{a1bn} & Z_{a2bn} & \cdots & Z_{anbn} \end{bmatrix} = \begin{bmatrix} T_{b1} - T_{a1} & T_{b1} - T_{a2} & \cdots & T_{b1} - T_{an} \\ T_{b2} - T_{a1} & T_{b2} - T_{a2} & \cdots & T_{b2} - T_{an} \\ \vdots & \vdots & \ddots & \vdots \\ T_{bn} - T_{a1} & T_{bn} - T_{a2} & \cdots & T_{bn} - T_{an} \end{bmatrix} \times$$

$$\begin{bmatrix} V_{za1} & 0 & \cdots & 0 \\ 0 & V_{za2} & \cdots & 0 \\ \vdots & \vdots & \ddots & 0 \\ 0 & 0 & \cdots & V_{zan} \end{bmatrix} + \begin{bmatrix} Z_{a1} & Z_{a2} & \cdots & Z_{an} \\ Z_{a1} & Z_{a2} & \cdots & Z_{an} \\ \vdots & \vdots & \ddots & \vdots \\ Z_{a1} & Z_{a2} & \cdots & Z_{an} \end{bmatrix}$$

$$(4-3)$$

速度的外推：假设在同一时间片内，目标做匀速直线运动，则由时间点 t_1 外推至时间点 t_2 速度不变，即 $V_{t1} = V_{t2}$。

3）航迹关联融合算法

分布式多传感器数据融合首先要做的工作是航迹相关，在此基础上进一步进行航迹融合。所谓航迹关联就是判断来自不同系统的两条航迹是否代表同一个目标。实际上，航迹相关就是解决传感器空间覆盖区域中的重复跟踪问题，因而航迹关联也称为去重复。同时它也包含了将不同目标区分开来的任务。

目前的航迹关联算法包括简单加权法、修正加权法、序贯简单加权法以及序贯修正加权法等。考虑到在装甲平台中，各信源提供的是目标的航迹信息，并不提供各信源跟踪处理的模型，无法构造互协方差，序贯方法需要各个融合时刻信息的耦合；在实际系统中，各个融合时刻所利用的信息并不一定固定来源于某些传感器。综上，在装甲平台中采用简单加权法处理航迹关联问题比较常见；同时，为了进一步简化计算，我们对各个通道进行解耦，实现解耦的简单加权航迹关联算法。需要注意的是，简单加权法仅仅给出一个融合时刻的航迹相关情况，我们将简单加权法与滑窗判决逻辑结合，来确定整个时间序列中航迹相关情况。

根据融合处理的时间设定，周期性地读取航迹数据。对于该周期内的各传感器航迹数据，根据航迹时刻排序。首先对于最新的航迹，依次按照航迹的新旧逐次处理。对于尚未进行关联判断的航迹，在时间校准后，进行航迹关联的假设判断；对于航迹关联确认的航迹，建立航迹匹配，并启动航迹融合。在完成该航迹融合后，将涉及航迹融合的所有航迹从航迹排序表中删除，然后对剩余航迹中的最新航迹重复上述过程实现融合。当航迹融合处理时限到达时，停止融合。

首先，对传感器的类型按照状态维数进行分类，如图 4 – 40 所示。

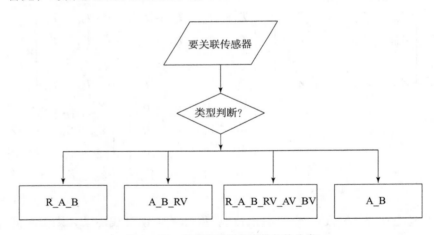

图 4 – 40 传感器按照状态维数的分类

然后，针对要判断关联的两个传感器数据依照解耦的简单航迹关联算法判断是否关联。航迹关联的算法流程如图 4 – 41 所示。

由于对多个信源集中处理，对带宽要求较高，造成较高系统代价，因此采用多信源序贯处理方式。序贯的处理算法思想为，边进行数据关联边进行航迹融合。过程如下：将从传感器 1 得到的状态估计量和从传感器 2 得到的状态估计量进行关联，对于关联成功的状态估计进行数据融合处理后再和传感器 3 送

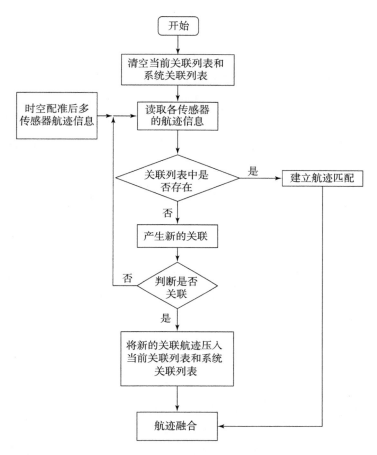

图 4 - 41　航迹关联流程

出的状态估计量进行关联，依此类推。如果没有关联上，则保持原有的状态估计。这种处理方式简单明了，有效地降低了计算量，具有一定的工程应用前景。

　　简单加权航迹关联法：加权法基于局部航迹对同一目标的状态估计误差独立这一假设，利用局部航迹的状态估计和协方差构造检验统计量，将问题转化为假设检验问题。

　　为了讨论问题的方便，先引入一些基本表示和描述方法。设局部节点 1、2 的航迹号集合（即其相应的目标号集合）分别为：

$$U_1 = \{1, 2, \cdots, n_1\}, U_2 = \{1, 2, \cdots, n_2\}$$

　　将 $t_{ij}(l) = \hat{X}_i^1(l \mid l) - \hat{X}_j^2(l \mid l)$ 记为 $t_{ij}^*(l) = X_i^1(l) - X_j^2(l)(i \in U_1, j \in U_2)$ 的估计，式中 X_i^1 和 X_j^2 分别是节点 1 第 i 个和节点 2 第 j 个目标的真实状态，而

$\hat{X}_i^1$ 和 $\hat{X}_j^2$ 分别为节点 1 对目标 i 和节点 2 对目标 j 的状态估计值。

设 H_0 和 H_1 是下列事件（$i \in U_1$, $j \in U_2$）：

H_0：$\hat{X}_1^1(l \mid l)$ 和 $\hat{X}_j^2(l \mid l)$ 是同一目标的航迹估计。

H_1：$\hat{X}_1^1(l \mid l)$ 和 $\hat{X}_j^2(l \mid l)$ 不是同一目标的航迹估计。

这样航迹关联问题便转换成了假设检验问题。

在加权法中，假定两局部节点对同一目标的状态估计误差是统计独立的，即当 $X_i^1(l) = X_j^2(l)$（目标真实状态）时，估计误差 $\tilde{X}_i^1(l) = X_i^1(l) - \hat{X}_i^1(l \mid l)$ 与 $\tilde{X}_j^2(l) = X_j^2(l) - \hat{X}_j^2(l \mid l)$ 是统计独立的随机向量，即在假设 H_0 下，公式 $t_{ij}(l) = \hat{X}_i^1(l \mid l) - \hat{X}_j^2(l \mid l)$ 的协方差为：

$$
\begin{aligned}
C_{ij}(l \mid l) &= E[t_{ij}(l) t_{ij}(l)'] \\
&= E\{[\tilde{X}_i^1(l) - \tilde{X}_j^2(l)][\tilde{X}_i^1(l) - \tilde{X}_j^2(l)]'\} \\
&= P_i^1(l \mid l) + P_j^2(l \mid l)
\end{aligned}
\tag{4-4}
$$

式中，$E[\tilde{X}_i^1(l)] = E[\tilde{X}_i^2(l)] = 0$ 是显然的假设，$P_i^1(l \mid l)$ 是节点 1 在 l 时刻对目标 i 的状态估计误差协方差，而 $P_j^2(l \mid l)$ 是节点 2 在 l 时刻对目标 j 的状态估计误差协方差。

加权法使用的检验统计量为：

$$
\alpha_{ij}(l) = [\hat{X}_i^1(l) - \hat{X}_j^2(l)]^T [P_i^1(l \mid l) + P_j^2(l \mid l)]^{-1} [\hat{X}_i^1(l) - \hat{X}_j^2(l)]
\tag{4-5}
$$

如果 $\alpha_{ij}(l)$ 低于使用 χ^2 分布获得的某一门限，则接收假设 H_0，即判决航迹 i 和航迹 j 关联；否则，接收假设 H_1。在 H_0 假设中，状态估计误差 $t_{ij}(l)$ 服从高斯分布，因此 $\alpha_{ij}(l)$ 服从 n_x 自由度的 χ^2 分布，其中 n_x 是状态估计向量的维数。由于 $\alpha_{ij}(l)$ 是对状态估计误差 $t_{ij}(l)$ 的统计加权，因而称作加权法。

4）航迹管理算法

现代战场环境日益复杂，装甲平台可能实施交叉、编队、迂回等各种协同和非协同战术机动，有/无源电子对抗带来大量的不确定性。在如此复杂的多目标多杂波环境下，传感器探测形成的航迹之间呈现着错综复杂的关系。目标航迹的起始、确认、保持、撤销准则成为工程中十分重要的问题。因此，航迹管理成为雷达数据处理系统中的一项重要内容。航迹管理可分为两部分内容，即航迹编号管理与航迹质量管理。

航迹管理一般要通过航迹编号来实现，与给定航迹相联系的所有参数都以其航迹编号作为参考。航迹质量管理是航迹管理的重要组成部分，通过航迹质量管理，可以及时、准确地起始航迹以建立新目标档案，也可以及时、准确地撤销航迹以消除多余目标档案。

（1）航迹编号管理。采用分布式融合策略，对每个信息源分别进行独立跟踪，获取拥有独立航迹编号的多批次航迹，而不同信源的航迹一旦关联成功，则需要对该目标航迹进行重新航迹编号赋值，存入系统航迹库中。本书中系统编号管理的基本思路如下：融合系统中的航迹编号管理主要是将多信源航迹统一为同一条系统航迹，并将航迹编号进行系统级的统一管理，避免与各信源航迹编号混淆。首先设定系统航迹编号阈值，且系统航迹从 1 开始编号，如果多信源航迹能够正确关联，且能够完成融合起始过程，则将该多信源航迹关联对融合，把融合航迹存入融合系统中。若系统航迹编号超出阈值，则将已终结的航迹编号赋值给当前融合航迹，或者将系统中存在时间最长的航迹删除，把其航迹编号赋值给当前融合航迹。

（2）航迹质量管理。各信源进行独立跟踪过程中，由于信源探测精度的影响，形成的多目标航迹质量存在一定差异，因此在构建多信源航迹匹配关系的过程中，同源航迹并非都能够关联成功，并且利用逻辑法起始融合航迹并非能够成功起始，且在目标漏检情况下，需要对融合航迹进行维持；另外，对于终结航迹要及时删除。具体的航迹质量管理主要包括融合航迹起始、融合航迹维持以及融合航迹终结等。在融合航迹起始过程中，采用 M/N 逻辑方法，每次对多信源航迹进行关联处理，关联成功一次则进行融合起始参数的累计，一旦满足逻辑起始法则，就将该多信源航迹对融合，并认为该融合航迹起始成功，且将其送入融合系统中，同时进行航迹编号。融合航迹维持过程主要是对系统航迹进行实时更新，保证航迹的稳定性和可靠性，在此主要是需要建立系统航迹与多信源航迹之间的匹配关系，需要通过航迹编号之间的对应关系进行关联。一旦某一目标的多信源航迹缺失，则需要对该系统航迹进行多次预测维持，等待多信源航迹的更新；多次未更新则终结。融合终结过程类似于融合起始过程。

第 5 章

处理综合技术

5.1 概 述

处理综合技术负责解释综合处理计算机的软件和硬件组成、分层设计及接口等。它是信息综合处理域、传感域、综合显控域、推进域、电气域、武器域及防护域在综合处理计算机中软件的运行基础（图 5 - 1）。

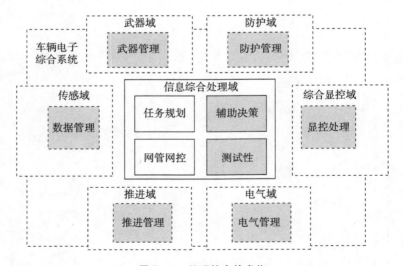

图 5 - 1 处理综合的定位

坦克装甲车辆电子综合系统中的处理综合技术主要描述综合处理机的硬件、操作系统、软件中间件，以及与平台无关的应用构件等。

5.1.1　综合体系结构

体系结构是系统的基本组织关系，它体现了构成系统的组件、组件之间的关联关系，以及组件与环境的关系，还包括指导系统设计和演进的准则。体系结构由组件、接口、标准及框架 4 个部分组成。组件完成系统的实体功能，接口及标准规定了组件间的关联关系，框架定义了系统所有组件之间的关联关系。体系结构实际上是一个系统的抽象，通过抽象的组件、组件外部可见的属性及组件之间的关系来描述系统。

车辆信息综合处理平台的体系结构也部分借鉴了 ASAAC 的设计。ASAAC 标准是联合标准化航电系统架构委员会（Allied Standard Avionics Architecture Council）为解决航空电子系统不标准的问题从 1997 年开始逐步提出的。目前 ASAAC 标准已经发布了 5 个标准，这些标准分别从软件、通信/网络、通用功能模块、机械结构和体系结构等方面对综合电子系统进行了规定；此外，还制定了非强制性的系统实现指导方针。ASAAC 标准结构组成如图 5 – 2 所示。

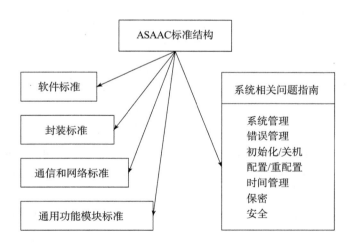

图 5 – 2　ASAAC 标准结构组成

在硬件方面，ASAAC 定义了 6 种通用功能模块（CFM），分别是通用数据处理模块（DPM）、通用信号处理模块（SPM）、通用图像处理模块（GPM）、电源转换模块（PCM）、大容量内存模块（MMM）和网络支持模块（NSM）。其中，CFM 模块组成单元如图 5 – 3 所示。

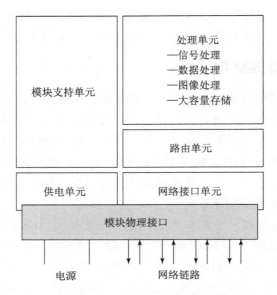

图 5 – 3　ASAAC 标准 CFM 模块组成单元

在软件方面，ASAAC 采用层次化结构，将软件系统划分为应用程序层（Application Layer）、操作系统层（Operating System Layer）和模块支持层（Module Support Layer），层与层之间采用标准接口进行交互以隐藏具体实现。

在通信及网络方面，ASAAC 软件分布在一个网络处理平台上，应用功能软件由一系列的软件构件通过"虚通道"互联在一起。应用程序由几个构件组成，构件分别驻留在不同的 CFM 模块，构件间通过网络提供的"虚通道"进行互联。

在系统方面，ASAAC 对系统进行 3 层抽象管理，分别是航空平台层（Aircraft Layer）、集成区域层（Integration Area）、资源层（Resource Element）。航空平台层是一个系统管理功能实体，负责控制及监视整个核心处理系统。集成区域层也是一个系统管理功能实体，负责控制及监视一个完整的集成区域。资源层是分层系统管理分层结构的最底层，负责单一处理单元的管理。

5.1.2　综合处理平台

目前坦克装甲车辆电子综合系统设计采用开放式设计思想，具有层次化的结构特点，共分为 4 个层级，涵盖了系统、平台、分系统到软/硬件的功能属性。每个层次表示对系统不同颗粒度等级的描述，层级内部按照标准化、通用化、模块化设计，便于实现系统的综合。各层级在逻辑层面表示上一级的功能分解以及下一级的功能综合；在物理层面表示上一级的结构分解以及下一级的物理集成。

　　综合电子信息平台作为车辆信息系统的基础支撑，提供了多装备协作、多任务综合处理、多功能控制管理、分布式采集驱动、通用浏览显控等平台核心服务。基于上述服务需求，综合电子信息处理平台由硬件平台、软件平台相互支持、协同工作，实现系统任务统一管理、多元数据综合处理、信息显示控制、数据存储共享等基础功能，并支持不同装备应用功能，如火力、防护、指挥、感知、动力推进、机电等在统一框架内完成综合集成。

　　综合电子信息平台的总体设计以交换互联、松散耦合的分布式计算集群体系为核心，采用系列化的产品机架综合集成各种类型的标准处理模块，并通过设备内外、平台内外一体化的高速 FC 交换网络（包含多种网络通信模块）连接平台的核心处理计算资源、乘员浏览显控资源，以及车辆综合信息系统的各种任务资源、功能控制资源等，形成互通互联互操作的信息处理与显控的有机整体。

｜5.2　车辆信息综合处理平台｜

5.2.1　总体方案

　　综合核心处理平台是实现综合处理、控制管理、分布驱动的核心，完成全车任务统一管理、信息综合处理、信号综合处理，以及武器装备火力、防护、机动、指挥、感知等任务计算、控制功能。其核心设备采用模块化设计，通过信息处理、信号处理、图像处理、共享存储、通信控制等硬件模块和基础嵌入式构件化软件平台，使系统功能在相同的硬件平台上通过软件来实现，通过共用模块实现系统资源共享和管理。

　　一体化交换网络系统是车辆信息传输途径，通过构建一体化网络，实现车内信息高度综合和车际信息互联互通互操作。一体化网络一般包括任务网和控制网。高速任务网络可以提供远端功能子网、综合核心处理机之间的高速信息流通道，例如射频、光电等高带宽信息；也可以完成不同综合核心处理平台之间的应用迁移，信息重配置和重部署。全车控制网络采用强实时总线式网络，主要实现乘员舱对前端装置和传感器的实时控制，包括控制指令、操作数据信息，具有强实时、高可靠性、高安全性等特点，如乘员舱对武器装置的操控指令必须实时、可靠输出到炮塔的武器控制子网，并对前端装置进行正确的操作和控制；乘员舱对防护装置的操控指令必须实时、可靠输出到炮塔的防护控制子网，并对前端装置进行正确的操作和控制。

5.2.2　信息平台模块化设计

综合电子信息平台采用 VPX 开放网络架构，每个槽位之间通过集中式网络互联，形成通用化、模块化、标准化的计算机体系。整机产品按照开放 OpenVPX 系统级标准，单元模块按照 VPX 板级标准，统一模块类型和定义，包含：管脚定义、插槽类型、背板拓扑等。机内通信系统设计采用一体化的车载高速交换网络作为整个计算机系统内功能模块通信核心。控制总线（FlexRay）通信作为设备及电气信息通信控制通道。测试维护总线作为设备状态管理、系统检测等功能。

综合电子信息平台内部各个模块通过高速交换网络实现内部各个模块之间数据交互及共享，外部交换通过交换接口实现，测试总线实现对设备内各个模块的状态检测以及电源管理，通过运行在通用信息处理模块中的平台软件实现硬件故障时进行系统的重构；通过 FlexRay 控制总线，实现控制信息的实时交互传输。综合电子信息平台对外提供高速交换网络接口、测试总线接口、FlexRay 控制总线接口以及电源接口等。如图 5 – 4 所示。

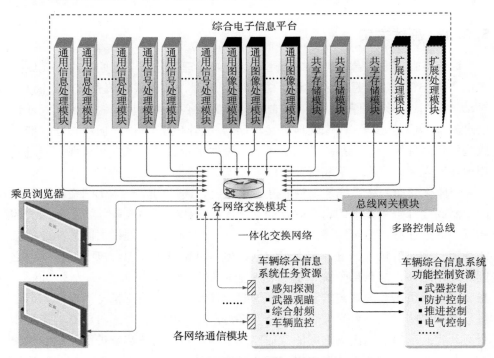

图 5 – 4　综合电子信息平台硬件组成

从模块的种类上分，通用处理模块主要包括以下几类，分别是：

（1）信息处理模块，集成了通用处理器和嵌入式操作系统；

（2）信号处理模块，集成了处理光电、雷达等传感器所需的 DSP、FPGA 处理器等；

（3）图像处理模块，集成图像处理所需的 DSP、FPGA 处理器等；

（4）大容量存储模块，集成了大容量存储介质及其访问模块，有些亦集成了通用处理器和操作系统；

（5）电源模块，为核心处理机内部的各处理模块提供电源。

以上 5 类处理模块在车辆电子系统中一般集成在核心处理机内，以板卡的形式存在，以下所列的处理模块则可以单独的部件形式存在：

（6）网络交换模块，可视为任务网络交换机/路由器，为任务网络提供设备寻址和数据分发功能；

（7）总线接口模块，可视为连接多条异构网络的网关，是车辆控制总线和任务网络之间数据通信的桥梁。

5.2.3　通用处理模块内部功能

如图 5 - 5 所示，通用处理模块的功能区域可以分为 4 个部分，分别是模块支持、模块处理、模块通信和电源转换。

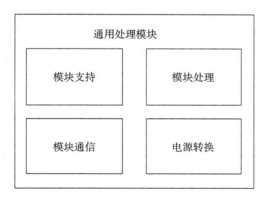

图 5 - 5　通用处理模块的内部功能分解

（1）模块支持功能

通用处理模块的模块支持功能由底层的硬件逻辑单元，固件，驱动程序，板级支持包或专用处理器（如单片机）、存储器提供，它控制通用处理模块的上下电，自检，时钟等。

（2）模块处理功能

通用处理模块的模块处理功能由处理器或处理单元提供，处理器分为数据处理器（如常见的 x86、ARM 架构的 CPU）和信号处理器等。

（3）模块通信功能

通用处理模块的模块通信功能由内部通信（驱动、板级总线、片内数据通道等）和外部网络通信（网卡、总线控制器）提供，它为通用处理模块的模块内数据交换以及通用处理模块的模块间数据交换提供支持。

（4）电源转换功能

通用处理模块的电源转换功能由电源电路部分提供，它输入标准的电压，输出通用处理模块板卡或设备所需的各种直流电压。

5.2.4 模块支持层设计

1. 模块固有信息

每个通用处理模块都应该包括一些描述模块自身的特有信息，包括模块 ID、类型等，这些信息一般不会受到上电、断电的影响，它们应存储于模块的 Flash/ROM 等非易失的存储器中。

模块固有信息包含 2 类，第一类是出厂后只允许读取的信息，在正常工作过程中无法修改，常见的有：

（1）制造商的信息；

（2）模块的序列号（与制造商相关）；

（3）生产日期；

（4）模块的类型；

（5）硬件版本号；

（6）固件版本；

（7）网络接口数量，每个网络接口的 ID，类型；

（8）处理单元的数量，以及每个处理单元的 ID、类型、性能，处理器对应的 ROM/RAM 存储空间；

（9）处理器的多个时钟源信息，包括时钟 ID、精度等。

第二类是正常运行过程中允许读写的信息，常见的有：

（1）工作时间；

（2）维护记录信息，记录了模块的维护历史；

（3）系统日志，记录了系统的使用情况；

（4）模块的状态，主要是指与自检相关的状态，如自检正常、自检不正常、自检进行中等。

2.　BIT 设计

BIT（Built - In Test）是自检的简称，通用处理模块可以通过自检来发现自身各个资源的故障，自检包括三类，分别是上电自检、周期自检以及命令自检。

上电自检发生在模块上电后，通用处理模块通过上电自检确认模块的处理器、存储器、网络、I/O 等资源工作正常，随后再启动操作系统或用户程序；

周期自检在模块上电启动后到断电前一直有效，在模块的操作系统或用户程序启动后，它依然会被定期调用；

命令自检是在模块的正常运行过程中产生的不定期自检，该命令一般来自其他通用处理模块或系统用户。

在系统正常运行的过程中，周期自检和命令自检的结果一般会反馈给车辆电子系统中的模块管理或系统管理软件，以供系统运行过程中进行故障发现、故障分析隔离以及故障功能重构。此外，上电自检和命令自检的结果也将会保存到故障日志中，为了节省空间，周期自检的结果只有在存在故障的条件下才会被保存。

故障日志一般存储在非易失存储器中，每条故障记录都会附带时间等信息，故障日志可以在装备使用完毕后由维护人员读取，进行离线分析和维修。

3.　时钟管理

时钟管理是通用处理模块中较为重要的一个内容，不仅是人员需要使用时钟，由于车辆任务具有分布性和实时性的特点，单个任务执行需要时间和定时器，任务之间的协调也需要同步对时。

对一个模块来说，它的时钟输入可包括至少三种：一是本地晶振产生的时间间隔，二是网络时钟同步授时，三是 GPS/北斗/守时设备等外部时钟的授时，它的输出可分为 3 种，即全局时钟、系统同步时钟以及本地高精度时钟。

全局时钟在整个作战系统的多个平台中同步，所有的平台都可通过全局时钟进行对准，以获得任务的时间同步，全局时钟根据实现的不同可以是通过时钟同步算法得到的时间，或作战系统中的守时设备或外部时钟源的时钟（如北斗、GPS），它的精度一般在毫秒级；

系统同步时钟是车辆平台内部不同模块或设备中使用的系统级全局时钟，它在一定的误差允许范围内保持同步，系统同步时钟的值会被各个模块中的时钟同步算法所修改，该时钟为平台内部不同模块之间的软件任务提供同步，其精度一般在微秒级；

本地高精度时钟一般由每个模块本地的高精度时钟振荡器产生，该时钟可以为本地任务、处理器、本地时钟、日历时钟、网络收发等模块提供高精度的时钟基准，与本地同步时钟不同的是，该时钟上电后数值会一直增加，不受时钟同步算法的影响，其精度一般在亚微秒级。

4. 接口设计

模块支持层与操作系统、应用软件的层次关系如图 5-6 所示，其中模块支持层与操作系统层之间的接口为 MOS（Module support-Operating System interface），操作系统与应用软件之间的接口为 APOS（Application-Operating System interface）。

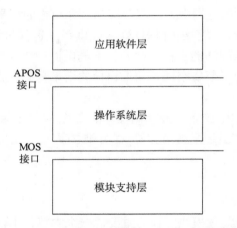

图 5-6　模块支持层与操作系统、应用软件的层次关系

MOS 接口为操作系统提供了一组硬件无关的接口，操作系统层可以通过这些接口访问处理模块的硬件资源，MOS 包括板级服务、通信服务、模块相关服务和扩展服务。

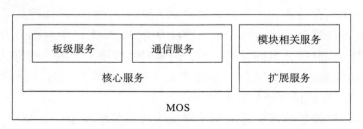

图 5-7　MOS 接口服务类别

MOS 接口包括三部分，分别是核心服务、模块相关服务和扩展服务。

（1）核心服务

核心服务是所有处理模块都应具备的服务，包括板级服务和通信服务两类。板级服务包括获取本地时钟、高精度本地时钟；访问定时器服务；获取模块故障日志，写入模块故障日志；（中断）事件处理服务；自检信息获取，命令自检起动；获取当前模块的信息和运行状态等。

通信服务包括通信接口配置，网络参数配置（含配置文件），短消息收发，块消息收发，网络时钟同步接口，网络状态获取（包括在线节点数量、拓扑等）以及资源释放。

（2）模块相关服务

模块相关服务是处理模块提供的，与其类型高度相关的服务。电源模块提供的服务包括电源开关控制、获取电源供电的电压、电流参数；图像处理模块可提供视频传输服务、图形处理相关服务；大容量存储模块可根据不同的设计，提供文件及路径的创建删除、打开关闭、读写等接口。

（3）扩展服务

在一些需要定制化操作系统的应用中，有时为了将模块的处理器进行抽象化处理以得到与硬件无关的低层接口。例如对物理虚拟内存进行申请和释放，创建代码段、数据段、堆栈段，创建内核线程，开关中断，线程调度等。

|5.3　综合处理软件平台|

5.3.1　综合处理软件架构

车辆信息综合处理平台是坦克装甲车辆的中枢神经，承载了车辆行驶和任务功能的实现，是决定车辆作战效能的重要因素。车辆信息综合处理平台在向高度模块化、高度综合化发展的同时，电子系统软件化的概念逐渐凸现。F-22 战机上由软件实现的航电功能高达 80%，软件代码达到 170 万行，但在 F-35 中，这一数字刷新为 800 多万行。这表明软件已经成为航空电子系统开发和实现现代化的重要手段。

半导体集成技术的飞速发展将使硬件处理平台越来越趋向于同质，软件功能的实现则直接体现不同硬件系统的差异性。近年来，软件定义无线电、软件定义网络、软件定义装备、软件定义一切等概念甚嚣尘上，这在很大程度上反映了电子系统向软件化转变的趋势。电子系统综合化和软件化引申的一个重要问题是如何合理组织软件，使之既能够减少生命周期费用（Life Cycle Cost, LCC）和系统复杂度，同时又能在既定的约束条件下增强车电软件的复用性和经济可负担性。

根据上述分析，车辆电子综合系统分布式软件架构需满足以下功能和性能需求：

（1）系统分层结构，保持各层的相对独立性，为各层独立发展提供可能，以提高系统的可移植性和降低系统升级费用。

（2）软件各层间的接口标准化，并保证操作系统的开放性，确保各层软件的独立性和可移植性。

（3）软件各层均具备扩展能力，保证系统架构的可扩展性。

（4）具备完善的健康监控等系统管理能力。

（5）系统软件架构支持分布式控制和管理。

一种典型的车辆电子综合系统软件架构如图 5 - 8 所示。

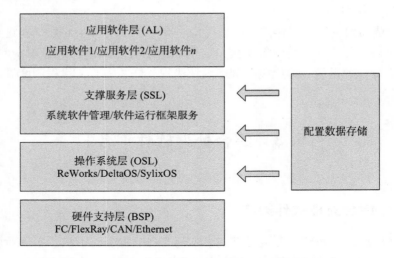

图 5 - 8　一种典型的车辆电子综合系统软件架构

硬件支持层的设计采用 ASAAC 软件架构中对模块支持层的定义，主要实现对底层硬件资源的基本管理和访问功能，封装了底层硬件的细节，向上层软件提供了通用的对底层资源的独立访问。通过 MSL 的隔离，可以为软件提供向下统一的硬件运行平台。

硬件支持层主要包括以下功能：

（1）板级支持包（BSP）。包括中断、内存和时钟管理、设备管理、回调机制、资源信息管理等功能。其中时钟管理实现以下功能：①负责硬件时钟的初始化，时钟同步，时间校准；②提供模块支持层的时钟访问接口。

（2）机内测试（BIT）。BIT 提供执行模块机内测试和访问测试结果的能力，包括上电 BIT、周期 BIT 和初始化 BIT 3 种模式。

（3）系统网络互联。系统可以通过各种网络连接进行通信。例如，①FC 光纤网络；②FlexRay 总线；③IIC 总线、以太网等其他网络。

（4）加载引导。包括硬件初始化、系统引导、加载操作系统等功能。

操作系统层将 ASAAC 软件架构中操作系统层对通用系统管理和运行时配置库的功能进行裁剪，将这两部分归入支撑服务层。操作系统层实现传统意义上的操作系统功能，包括进程管理、内存管理、中断管理、时钟管理和接口管理等功能。

为了提高软件的稳定性并实现软件重构功能，在软件架构设计时采用符合 ARINC 653 标准的分区操作系统，应用软件部署的最小单位不再是传统的 CPU，而是在 CPU 上运行的操作系统分区。基于软件架构适应性的需求，对于部分未采用分区操作系统的软件，在进行软件设计和部署时，将平板式的操作系统视作一个"分区"进行设计。

在 ARINC 653 标准的操作系统之上的分区，对外只能通过端口进行通信。在 ASAAC 架构设计中的虚拟通道则成为分布式环境下各 CPU 之间通信的底层实现途径，该功能的实现依赖于操作系统端口、支撑服务层的调度控制和硬件支持层的底层访问。

支撑服务层是在 ASAAC 和 GOA 中都没有涉及的一个层次，是在 ASAAC 的架构基础上，结合 ARINC 653 标准的分区隔离的特点，借鉴 ASAAC 架构中系统通用管理和应用管理分离的思路，将系统软件管理的功能从应用层中剥离出来，设计一个屏蔽底层操作系统，为系统功能级应用软件提供支撑和接口的运行平台。其设计目的是进一步提高软件的扩展性和移植性，便于应用软件开发和综合。在支撑服务层上的应用软件通过运行框架的消息总线进行通信，由运行框架为其屏蔽了操作系统和底层硬件，应用唯一的接口就是执行框架。

5.3.2　操作系统分区和虚拟化技术

为实现计算资源的高度共享，车辆电子综合系统最基本的要求是在一个 CPU 上运行多个分系统的任务。车辆电子综合系统的发展需要计算资源的高度共享，而计算机技术的飞速发展也提供了满足发展需求的可能性。但是，两者的结合出现了新的问题，即各不同关键级别的任务可能会相互影响。车辆电子综合系统中的任务按其重要性分为安全关键、生存关键和任务关键 3 种类型，它们之间不能互相产生有害的影响，尤其是重要性级别低的任务不能影响重要性级别高的任务。这对车辆电子综合系统软件体系架构中的操作系统提出了更高的要求。操作系统必须提供一套保护机制，确保运行在同一处理器资源上的应用程序相互间不能干扰。

ARINC 653 标准是一个用于安全关键的航空电子实时系统中时间和空间分区的软件规范。目前在兵器、航天航空、船舶等军工行业使用的分区操作系统大多基于 ARINC 653 标准。

ARINC 653 标准的核心概念是空间和时间的分区隔离。ARINC 653 标准在操作系统和应用软件之间定义了一个通用的 APEX（Application/Executive）接口。通过这个接口应用软件可以得到实时安全的各种功能服务，也可以对各种服务的属性加以控制，如任务调度、通信和内部状态信息等。基于 ARINC 653 标准的分区操作系统的软件架构如图 5-9 所示。用户可以通过配置文件配置空间和时间分区的调度信息，然后通过编译配置文件进入 ARINC 653 标准的分区操作系统，实现空间和时间分区调度的动态配置。ARINC 653 标准分区操作系统通过内存管理单元保证空间分区的空间隔离，通过严格的时间周期轮转调度方法完成时间分区调度，在分区内可实现优先级调度或者轮转调度策略。

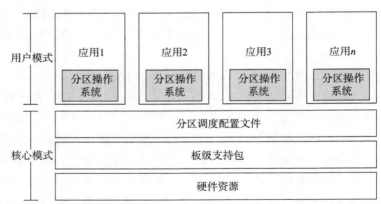

图 5-9　基于 ARINC 653 标准的分区操作系统软件架构

5.3.2.1　虚拟化

传统的计算机系统可以被视为由若干层次组成，自下而上依次是最底层的硬件资源、操作系统、操作系统提供的应用程序接口，最上层则是运行于操作系统之上的应用程序。基于这一层次结构，现在对虚拟化技术最为直接的理解，是通过计算机软件对底层硬件进行封装，给操作系统提供一套类似硬件设备功能的软件接口，但是该接口对操作系统而言是全透明或半透明的。这也是虚拟化技术早期最为显著的特点。虚拟化技术能够充分挖掘硬件的性能潜力，提高资源利用率；在新的软/硬件平台为旧平台的应用程序提供运行环境；为不可信应用程序提供独立安全的运行环境；对系统中不存在的硬件设备进行模拟；构建强大的调试和性能测试环境等。

　　虚拟化是资源的逻辑表示，它不受物理限制的约束。虽然虚拟化的概念仍然在不断扩大，但是其核心对象是各种各样的资源，既包括了 CPU、内存、磁盘等各种硬件资源，也包括了操作系统、文件系统、网络服务等各种软件环境。经过虚拟化之后的逻辑资源对用户隐藏了不必要的细节，而用户可以在虚拟环境中使用与真实环境相同的部分或全部功能。从计算机系统的层次来看，虚拟化的使用者既可以是最终用户，也可以是系统服务或者应用程序。通过提供标准的接口来进行输入/输出，虚拟化简化了对资源的表示、访问和管理等操作，减轻了使用者对资源的特定实现的依赖性，使得在资源发生变化时（如对资源进行维护或者升级）能够将对使用者的影响尽量降低。为了合理地分配资源，实现对资源的最大化利用，从较为抽象的层次来说，虚拟化技术主要从两个方向来实现：一是把一个独立的物理资源分割为若干独立的逻辑资源，使上层可以对这些看似独立的资源采取不同的用法，其典型技术是分区；二是把多个独立的物理资源整合为一个大的逻辑资源，上层可以像使用一个资源一样支配这些物理上独立的资源，以网格（Grid）为典型代表。

　　综合来说，系统虚拟化具有下列特性：

　　（1）多实例。系统虚拟化在一个物理计算机上可以运行多个虚拟机，即可以支持多个客户操作系统，并将物理资源以可控的方式分配给虚拟机。

　　（2）隔离性。系统虚拟化的多个虚拟机之间相互隔离，即使其中的一个或几个实例失效崩溃，对其他虚拟机也没有影响。如果不同虚拟机的应用程序或进程之间要相互通信，则需要由虚拟运行环境来实现相关的机制。

　　（3）硬件无关性。在系统虚拟化中，一个虚拟机对外以单一实体的形式存在，例如一个文件或逻辑分区，利于复制、移动和备份。

　　（4）兼容性。物理计算机的硬件被抽象为标准的虚拟硬件设备供虚拟机使用，保证虚拟机能够兼容多种硬件。

　　（5）低损耗。虚拟化抽象层会增加整个系统的开销，需要将由此产生的性能损耗控制在系统可接受的范围之内，将其对系统整体性能的影响降到最低。

　　系统虚拟化中的核心软件称为虚拟机监视器（Virtual Machine Monitor,

VMM 或者 Hypervisor）。它们负责提供硬件资源的抽象并进行资源的调度、分配和管理，对多个虚拟机实例进行隔离、托管和管理，为客户操作系统提供运行环境。按照实现方式的不同，虚拟机监视器可以分为两类：寄宿型（Hosted）和非寄宿型（Unhosted）。

（1）寄宿型虚拟机监视器不是直接运行在底层硬件之上。在硬件之上存在一个宿主操作系统，寄宿型虚拟机监视器作为其中的应用程序，利用宿主操作系统的功能来实现硬件资源抽象和虚拟机管理。这类虚拟机监视器实现较为简单，但由于其系统层次复杂，对资源的操作要依赖宿主操作系统，因此整体性能较低。其典型代表有 VMware 的 Workstation，微软公司的 VirtualPC 和开源的 Qemu 等。

（2）非寄宿型虚拟机监视器直接运行于底层硬件之上，而不需要宿主操作系统。这类虚拟机监视器需要提供指令集和设备接口，以直接控制物理设备，支持虚拟机实例，为客户操作系统提供服务。其性能较好但实现相对复杂，以 VMware 的 ESX Server 和微软公司的 Hyper – V 为典型实现。

虚拟化技术中最被广泛接受和认识的便是系统虚拟化，即在同一台物理系统上同时运行多个独立的操作系统。从计算机系统层次结构的观点来看，系统虚拟化的虚拟层位于操作系统和底层计算机硬件之间，将操作系统与物理计算机分离，使同一物理计算机上可以同时安装和运行一个或多个虚拟操作系统。对应用程序而言，与直接安装在硬件上的操作系统相比没有明显的差别。系统虚拟化既提高了系统资源的利用率，也可以实现各个逻辑系统文件式的备份和恢复，缩短了新业务系统安装配置操作系统的时间，有利于加快调试过程，满足信息化建设快速发展的需求。

系统虚拟化的核心目标是在同一台物理计算机上运行一台或者多台虚拟机（Virtual Machine，VM）。这里的虚拟机是一个逻辑计算机系统实例，通过系统虚拟化，其运行在一个隔离的环境中，同时具有完整的软/硬件功能。对于用户来说，他们看到的不是一台物理计算机，而是在同一物理计算机的操作系统之上虚拟服务层中的一个虚拟机。当存在多个虚拟机时，系统虚拟化技术可以保证它们互不影响地运行并复用物理资源。在不同的硬件平台上，虚拟运行环境的设计和实现不尽相同，但都要为虚拟机提供虚拟的处理器、内存、设备；对于虚拟机监视器来说，还需要考虑如何实现对上层的虚拟机实例和客户操作系统的支持。通常采用全虚拟化和半虚拟化两种软件方法。

（1）全虚拟化一般是通过软件（以虚拟机监视器为主）对所有的硬件进行模拟，构建虚拟设备，使客户操作系统不经修改就可以直接在虚拟机监视器上运行。以对 CPU 的虚拟化为例，全虚拟化通过二进制代码动态翻译技术

（Dynamic Binary Translation），由虚拟机监视器将虚拟机实例中的客户操作系统内核态的特权指令（Privileged Instruction）转换成可以由虚拟机监视器执行的功能相同的指令序列，而非特权指令则可以在物理 CPU 上直接执行。特权指令的转化由虚拟机监视器动态完成，需要一定的性能开销，但其便利之处在于不需修改客户操作系统。代表性的产品包括微软公司的 VirtualPC 和 Virtual-Server，以及 VMware 的 Workstation 等。

（2）半虚拟化不需要模拟所有的硬件设备，为了提高虚拟机监视器的性能，通过实现针对虚拟机监视器的超级调用（Hypercall）来执行服务请求，直接访问物理设备，例如 I/O 访问，而不是通过虚拟设备间接地访问物理设备。同样以 CPU 为例，半虚拟化需要修改虚拟机实例中的客户操作系统，用对底层虚拟化平台的超级调用来取代所有的特权指令。在需要时，客户操作系统通过调用虚拟机监视器来执行特权指令。必须保证客户操作系统和虚拟机监视器相互兼容，否则底层物理设备和虚拟机之间无法实现有效的互动。这一方法可以保障客户操作系统能够达到接近于直接运行于物理设备上的系统性能，而且其实现起来相对简单，系统调用的开销相对较小。但由于客户操作系统必须经过移植修改，所以这一方法对不同版本的操作系统支持有限。其代表性的产品包括 Citrix 的 Xen、VMware 的 ESX Server 和微软公司的 Hyper – V 等。

5.3.2.2　分区管理

一个分区是一个独立的应用环境，由数据、上下文关系、配置属性和其他项组成。分区的运行要满足时间和空间的要求。分区调度在时间上具有严格的确定性。分区调度主要完成按固定的、基于周期的时间序列进行 CPU 资源的分配，每个分区按照主时间框架分配给它的分区窗口（一个或多个）被调度程序所激活。对分区的特定设置而言，调度是固定的。分区调度原则：调度单元是分区；分区没有优先级；分区调度算法预先确定，并按照固定周期重复执行。在各个循环中，至少要给每个分区分配一个分区窗口，也可以是多个，并且分区的分区窗口不要求是相邻的。一个时间框架中允许有几个空闲分区的分区窗口，在主时间框架中，每个分区的分区窗口至少要激活一次。

分区通信包括分区内通信和分区间通信。

1. 分区内通信

分区内通信主要包括黑板、信号量、消息队列、事件。黑板是一种进程之间的通信方式。对黑板来说，消息排队是不允许的，任何写到黑板的消息将一直保持直到被清除或者被新的消息覆盖。信号量机制用于进程间同步和互斥。

消息队列是一种进程间通信的方式。在消息队列中，每条消息都带有唯一的数据，因此传送时不允许覆盖，允许消息队列存储多条消息。事件是一种通信机制，该机制允许通知等待某条件的进程条件的发生。

2. 分区间通信

分区间通信管理主要负责分区之间的数据交换。通信的分区可以在同一个处理机模块上，也可以在不同的处理机模块上。分区间通信还可以是分区与设备之间的通信。通信的双方不知道彼此的名字和物理位置，通过本地端口来发送、接收消息，消息的目的是端口而不是进程。所有的通信都是基于消息的，通过消息连接分区的基本机制是通道，通道定义了一个消息源与一个或多个目的之间的逻辑连接。应用程序通过端口来访问通道。

分区间通信是由操作系统来实现的。为了完成分区间通信，ARINC 653 标准为分区间通信规定了一种基于通道通信的信息交换和同步机制。该通信服务机制的通信协议如图 5 - 10 所示。源分区应用程序调用 ARINC 653 标准规定的 APEX 函数将数据发送到端口，端口按照端口通信协议组织数据并发送到通道，然后通过物理层接口发送到目标分区的硬件接口，最后发送到目标分区的应用程序。这些通道由内核负责监管，并且其他的通道不能被用于分区之间的通信。这一功能确保了数据隔离并防止了分区之间的数据不规范传播。ARINC 653 标准定义了 3 个级别的故障：内核级、分区级和线程级，故障可以在这 3 个级别被捕获。ARINC 653 标准还定义了所有可能在系统中发生的故障、错误和异常，对其中的每一项，系统设计师都要提供一个相关的恢复过程。一旦某个分区出现问题，就会有一个专用程序来负责恢复并保持系统处于无差错状态。因此，一个符合 ARINC 653 标准的系统需要确保资源通过分区被隔离，以

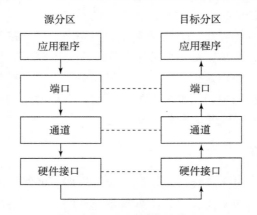

图 5 - 10　分区间应用通信机制

保证一个分区不会独占所有的资源，发生故障时能够及时恢复，某一分区中的故障不会被扩散到该分区以外。

5.3.3　构件化软件中间件技术

随着航空电子的综合化，传统的中间件技术面临着新的挑战，即中间件在运行过程中，不仅有功能上的要求，而且还有实时性、可靠性等方面的约束。在航空电子系统中，信息的实时交换最为重要，系统中的实时和关键性应用要求能做到"在正确的时间、正确的地点获取正确的数据"（3R），这对系统的要求非常高。

为满足此类实时应用，OMG 提出了以数据为重心面向分布式实时系统的数据分发服务规范（Data Distribution Service，DDS）。DDS 规范为 DDS 中间件定义了一系列规范化的接口和行为，定义了以数据为中心的发布/订阅（Data-centric Publish-subscribe，DCPS）机制，提供了一个与平台无关的数据分发模型。此外，DDS 规范还强力关注了对 QoS（Quality of Service）的支持，它定义了大量的 QoS 策略，使 DDS 中间件可以很好地配置和利用系统资源，协调可预测性与执行效率之间的平衡，以及支持复杂多变的数据流需求。

5.3.3.1　数据订阅发布服务

DCPS 的实体包括域（Domain）、域参与者（Domain Participant）、数据写者（Data Writer）、发布者（Publisher）、数据读者（Data Reader）、订阅者（Subscriber）、主题（Topic）。图 5 - 11 显示了各个实体间的关系。下面将详细介绍这些实体的概念以及实体间的联系。

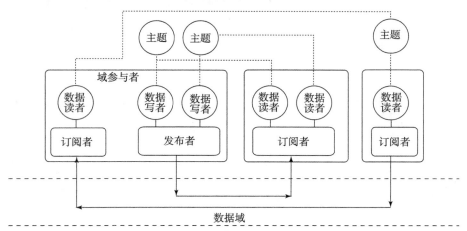

图 5 - 11　DDS 实体关系

1. 域（Domain）

域是一个虚拟的通信环境，每个域都有一个 ID 号，DDS 应用程序只有在同一个域内才能发送和接收数据。这种约束对隔离和优化那些共享公共兴趣的通信很有帮助。一个综合化的 ICP 系统中可以只有一个域，也可以有多个域，前者称为单域系统，如图 5 - 12 所示；后者称为多域系统，如图 5 - 13 所示。其中 N 表示节点（也就是系统中的 DPU），App 表示应用程序（也就是每个 DPU 中运行的分区应用），Pub/Sub 表示该节点既可以发布数据又可以订阅数据，Publish 表示该节点只发布数据，Subscribe 表示该节点只订阅数据。

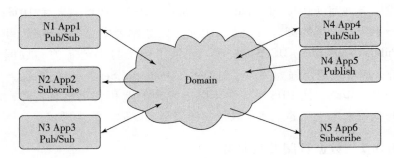

图 5 - 12　单域系统

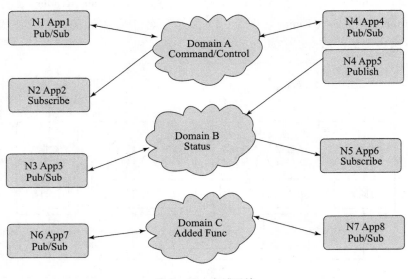

图 5 - 13　多域系统

在整车 ICP 系统中数据是复杂的，类型是多样的，如控制类数据、状态类数据、视频类数据、传感器类数据，等等。多域类型的 DCPS 更适合这样的复杂模型，并且有更好的扩展性。

在多域系统中，开发者可以根据系统需要设定多个域。当一个特定的数据实例在一个域中发布时，在另一个域中的订阅者将无法接收到该数据实例。如图 5 – 13 所示，多域系统提供了更有效的数据独立性，在 Domain A 中传输的是 Command/Control 数据，而在 Domain B 中传输的是 Status 数据，开发者可以根据不同的功能设定不同的域。多域系统的另一个优点是：为在当前系统中添加新功能提供了很好的解决方案，开发人员只需要在系统中添加一个新的域（图中的 Domain C），而新加的域对原有的域没有影响。

2. 域参与者（Domain Participant）

域参与者是一个能展示 DDS 应用程序在域中活动的实体。它是 DCPS 实体（数据写者、发布者等）的创建工厂、容器和管理器。此外，开发人员还可以通过域参与者为相关域中的所有实体设定相应的 QoS 参数。

3. 数据写者（Data Writer）和发布者（Publisher）

数据写者是一个发布者类型化的接入器，每个数据写者只关联一个特定的主题，因此只具有一种数据类型。应用程序通过数据写者的特定类型接口来发布所关联主题的数据实例。数据写者负责将数据传递给发布者，而数据分发是发布者的任务，发布者会根据自身的 QoS 以及相应的数据写者的 QoS 来分发数据。发布者其实就是将独立的数据写者组织在一起的一个容器，也是一个创建数据写者的工厂，而数据写者本身是由域参与者创建的。当开发人员为一个发布者设定特定的 QoS 属性后，该 QoS 将作用到所有由该发布者创建的数据写者。图 5 – 14 显示了在发布数据时，各个 DCPS 实体是如何连接的。

4. 数据读者（Data Reader）和订阅者（Subscriber）

数据读者是用来获取由订阅者所接收到的数据，并将数据传递给应用程序的 DCPS 实体，每个数据读者被绑定到一个特定的主题，也就是说每个数据读者只关心它所感兴趣的数据类型。订阅者负责接收来自发布者的数据，然后将接收到的数据传给相应的数据读者，从而使应用程序获得它所感兴趣的数据。订阅者其实是一个将数据读者组织在一起的容器，并且是一个创建数据读者的工厂，而其本身是由域参与者创建的。图 5 – 15 显示了跟订阅相关的各个实体间的关系。其中，数据读者可以通过 Listener 和 Waitset 两种方式来获取它所订

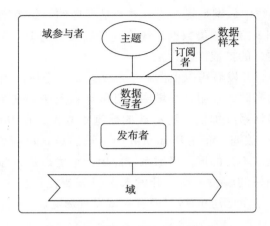

图 5 – 14　数据写者与发布者的关系

阅的数据。数据读者为开发人员提供了很大的灵活性，可以直接通过调用函数从 DDS 中间件中获取数据，这里的函数有两种：一种为 take( )；另一种为 read( )。take( ) 函数在获取数据后就把数据删除，而 read( ) 函数在读取数据后不会删除该数据，因此下一次还可以读取到该数据。

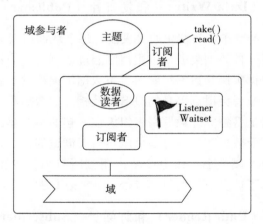

图 5 – 15　数据读者与订阅者的关系

5. 主题（Topic）

主题为发布者和订阅者之间提供了基本的连接点。一个节点上的发布者主题必须和另一个节点上的订阅者主题相匹配。如果主题不匹配，则发布者和订阅者之间就不能通信。一个主题由主题名称（Topic Name）和主题类型（Topic Type）组成。主题名称是一个能在域中唯一标识主题的字符串，而主题类型是包含在主题中的数据的定义。主题在一个特定的域中必须是唯一的。在 DDS 框架中，如果两个主题有不同的主题名称但有相同的主题类型，则认为这两个主题是不同的。此外，每个主题还可以关联相应的 QoS 策略，如图 5 - 16 所示。

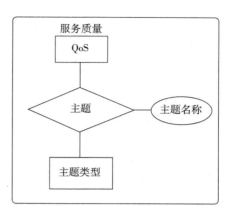

图 5 - 16　主题定义

5.3.3.2　QoS 策略

QoS（Quality of Service）是指一系列可控制 DDS 服务行为的特性集合。它由独立的 QoS 策略组成，DDS 的功能依赖于 QoS 的使用。DDS 中的所有实体都可以关联 QoS 策略，这些实体包括域参与者（Domain Participant）、主题（Topic）、发布者（Publisher）、数据写者（Data Writer）、订阅者（Subscriber）以及数据读者（Data Reader）。为保证发布者和订阅者之间的通信能高效可靠地进行，两者的 QoS 策略必须匹配。为解决该问题并保证发布者和订阅者之间的松耦合性，DDS 分别为发布者和订阅者的 QoS 策略指定一个值。当发布者和订阅者的 QoS 策略一致时，则建立通信，否则不会建立通信，而此时系统会通知相应的发布者和订阅者。例如，当订阅者请求的是可靠的数据，而相应的发布者却仅提供了尽力而为的 QoS 策略时，两者之间的 QoS 不匹配，因此不会建立通信。QoS 策略是 DDS 规范的最大亮点，DDS 规范提供的策略，包括可靠性、数据的持久度、数据的历史记录、周期数据的超时、基于时间的过滤、数据的所有权、分区、资源限制等。每种策略对应一项功能，且能够在不同的粒度上进行配置，因此用户可以按需进行任意配置，发布者与订阅者需通过 QoS 策略进行匹配，只有两者的 QoS 策略匹配成功才能建立通信。如上所述，DDS 规范仅仅定义了一系列的 QoS 策略和接口用来控制实体间的数据交换，但没有指定怎样去实现这些服务或管理 DDS 资源，因此 DDS 开发者可以根据规范自由地发挥和创新。QoS 策略介绍如表 5 - 1 所示。

表 5 - 1　QoS 策略介绍

QoS 策略	约束内容	相关实体
USER_ DATA	不为中间件所知的数据，默认值为一个空序列	DP，DR，DW
TOPIC_ DATA	不为中间件所知的数据，默认值为一个空序列	T

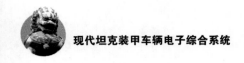

续表

QoS 策略	约束内容	相关实体
GROUP_ DATA	不为中间件所知的数据，默认值为一个空序列	P，S
DURABILITY	表达数据是否应该持久保存	T，DR，DW
DURABILITY_ SERVICE	指定持久性的配置服务	T，DW
PRESENTATION	数据变化的范围、一致性和顺序要求	P，S
DEADLINE	数据实例更新的周期	T，DR，DW
LATENCY_ BUDGET	数据通信可接受的最大延误时间	T，DR，DW
OWNERSHIP	是否允许多个数据写者更新数据的相同实例	T，DR，DW
OWNERSHIP_ STRENGTH	在多个数据写者对象间用于公断的长度值，只有在 OWNERSHIP 策略是 EXCLUSIVE 时才被应用	DW
LIVELINESS	用来判断实体是否"活着"的机制	T，DR，DW
TIME_ BASED_ FILTER	允许数据读者指定感兴趣的数据子集的过滤器	DR
PARTITION	在发布者和订阅者主题间引入逻辑划分的字符串集合	P，S
RELIABILITY	详细说明提供/请求的可靠性级别	T，DR，DW
LIFESPAN	由数据写者写入的数据的最大有效期限	T，DW
DESTINATION_ ORDER	数据接收的顺序	T，DR，DW
HISTORY	数据实例保存的深度	T，DR，DW
RESOURCE_ LIMITS	详细说明为满足所请求的 QoS，服务可以使用的资源	T，DR，DW
ENTITY_ FACTORY	控制实体工厂的行为	DPF，DP，P，S
WRITER_ DATA_ LIFECYCLE	详细说明数据写者在其所管理的数据实例的生命周期内的行为	DW
READER_ DATA_ LIFECYCLE	详细说明数据读者在其所管理的数据实例的生命周期内的行为	DR

其中，DP 表示域参与者（Domain Participant），DR 表示数据读者（Data Reader），DW 表示数据写者（Data Writer），T 表示主题（Topic），P 表示发布者（Publisher），S 表示订阅者（Subscriber），DPF 表示域参与者工厂（Domain Participant Factory）。

|5.4 自主可控处理计算技术|

5.4.1 国产操作系统

1. ReWorks

ReWorks 653 主要分为两个部分：底层的 ReWorks 653 核心操作系统（ReWorks 653 COS）及上层的 ReWorks 653 分区操作系统（ReWorks 653 POS）。

ReWorks 653COS 主要是构造分区执行环境，为分区操作系统的运行提供支持，包括分区的资源分配、分区加载、分区引导、分区重构、分区调度、时间管理、虚通道管理等功能；实现基本分区，并在分区中实现 ARINC 653 库，包括进程管理、时间管理、分区内的进程通信（缓冲区、黑板、信号量/semaphore、事件）、分区间的 Port 通信（采样/sampling、排队/queuing）；另外，实现 2 个系统分区：健康管理分区和 I/O 分区。健康性管理主要针对系统中出现的错误进行定义、监控、设置恢复策略等。I/O 分区支持系统的各种外部设备，其他分区通过 I/O 分区和外部设备模块进行通信。

ReWorks 653 可分为 3 个层次：

（1）模块支持层。该层包括 CPU/Board 的软件支持包；各类总线、设备的底层支持，包括网络、PCI 总线、串口、硬盘等。

（2）系统软件层。该层包括 ReWorks 653 COS 以及 ReWorks 653 POS，是 ReWorks 653 的重点所在，并对健康性管理进行支持。

（3）应用软件层。该层主要是针对 ARINC 653 进行应用的开发，应用软件也可以通过 POSIX 库进行应用的开发。

2. Delta OS

Delta OS 作为我国依靠自主技术力量开发的嵌入式实时操作系统具有较高的成熟度，可提供基于优先级抢占的实时任务调度策略和动态加载功能，已陆续应用于军工装备软件开发领域，并对硬件支持提供持续改进。Delta OS 主要包括 DeltaCore（嵌入式内核，提供系统核心接口）、DeltaNET（基于 TCP/IP 协议族嵌入式网络模块）、DeltaFILE（嵌入式文件模块）以及 DeltaGUI（嵌入式图形模块）。在 DeltaCore 和其他支持系统模块之间，Delta OS 提供 VxWorks 接口兼容层，兼容多功能标准显控台标准配套模块所使用的全部 VxWorks 操作系统接口，支持 VxWorks 5.5 目标代码的加载、运行，保障多功能标准显控台标准的沿用，保障基于多功能标准显控台所开发应用程序的快速移植。

5.4.2　多核异构并行计算技术

嵌入式多核处理器的结构包括同构（Symmetric）和异构（Asymmetric）两种。同构是指内部核的结构是相同的，这种结构目前广泛应用于 PC 多核处理器；异构是指内部核的结构是不同的，这种结构常常在嵌入式领域使用，常见的是通用嵌入式处理器 + DSP 核心。

异构并行计算的本质是把任务分发给不同架构的硬件计算单元（如 CPU、GPU、FPGA 等），把业务中不同类型的任务分给不同的计算资源执行，让它们各司其职，同步工作。

从软件的角度讲，异构并行计算框架是让软件开发者高效地开发异构并行的程序，充分使用计算平台资源。从硬件角度讲，一方面，多种不同类型的计算单元通过更多时钟频率和内核数量提高计算能力；另一方面，各种计算单元通过技术优化（如 GPU 从底层架构支持通用计算，通过分支预测、原子预算、动态并行、统一寻址、NIC 直接访问显存等能力）提高执行效率。

异构计算主要是指使用不同类型指令集和体系架构的计算单元组成系统的计算方式。常见的计算单元类型包括 CPU、GPU 等协处理器、DSP、ASIC、FPGA 等。一个异构计算平台往往包含使用不同指令集架构的处理器。

在 HPC 异构并行计算架构应用技术中，通常有通用架构并行和专用架构并行。通用架构并行分为同构多核并行和异构众核并行（CPU + GPU 异构协同计算和 CPU + MIC 异构协同计算）；专用架构并行主要指 CPU + FPGA 异构协同计算。

从更广义的角度讲，不同计算平台的各个层次上都存在异构现象，除硬件层的指令集、互联、内存层次之外，软件层中应用二进制接口、API、语言特性底层实现等的不同，对于上层应用和服务而言，都是异构的。异构并行计算框架有个非常重要的特征，即能够帮助开发者屏蔽底层硬件差异，能让软件平台自适应未来硬件的演进。概括来说，理想的异构计算具有如下要素：

（1）它所使用的计算资源具有多种类型的计算能力，如 SIMD、MIMD、向量、标量、专用等。其中芯片硬件定义了单指令单数据（SISD）、单指令多数据（SIMD）、多指令单数据（MISD）和多指令多数据（MIMD）4 个并行级别。此外，MIMD 还分单程序多数据（SPMD）和多程序多数据（MPMD）。

（2）它需要识别计算任务中各子任务的并行性需求类型。

（3）它需要使具有不同计算类型的计算资源能够相互协调运行。

（4）它既要开发应用问题中的并行性，更要开发应用问题中的异构性，即追求计算资源所具有的计算类型与它所执行的任务（或子任务）类型之间的匹配性。

（5）它追求的最终目标是使计算任务的执行具有最短时间。

可见，异构计算技术是一种使计算任务的并行性类型与机器能有效支持的计算类型最匹配、最能充分利用各种计算资源的并行和分布计算技术。异构计算处理过程本质上可分为 3 个阶段：

（1）并行性检测阶段。并行性检测不是异构计算特有的，同构计算也需要经历这一阶段，可用并行和分布计算中的常规方法加以处理。

（2）并行性特征析取阶段。并行性特征析取阶段是异构计算特有的，这一阶段的主要工作是估计应用中每个任务的计算类型参数，包括映射及对任务间通信代价的考虑。

（3）任务映射和调度阶段，也称为资源分配阶段。主要确定每个任务或子任务应该映射到哪台机器上执行以及何时开始执行。

第 6 章

车辆电子综合系统动态综合测试技术

6.1 概　　述

6.1.1　概念

车辆电子综合系统设计研制与测试验证是两个独立开展但又相互依存的过程。车辆电子综合系统的设计研制遵循一定的方法和流程，同样，其测试验证也有其独特的技术和活动；对车辆电子综合系统产品研发过程来说，二者缺一不可，互为支撑，应同步开展工作；车辆电子综合系统的设计研制需要通过测试验证来检查确认是否满足设计需求并改进完善，车辆电子综合系统的测试验证需要以设计研制为对象和前提。

车辆电子综合系统设计研制与测试验证的流程对应关系如图6-1所示。

根据侧重验证产品特性的不同，一般分为平台任务仿真、综合测试验证和环境试验验证。平台任务仿真是对平台的作战性能进行仿真评估及对人员进行训练；综合测试验证是部件级、子系统级、平台系统级接口、信息流、功能和性能的符合性和匹配性验证，以及在不同工作状态，如正常状态、故障状态及多工作模式组合情况下进行测试验证；环境试验验证是在模拟真实工作环境下的对部件级、子系统级、系统级和平台级的功能和性能的适应性和可靠性验证。这两类验证活动在产品设计研制的不同阶段有所侧重，同时内容相互有所交叉。本章讨论的内容仅涉及平台任务仿真和综合测试验证范畴。

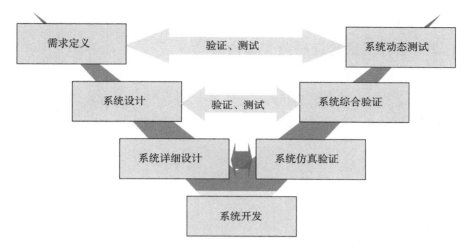

图6-1 车辆电子综合系统设计研制与测试验证的流程对应关系

在通常意义上，对于一个平台上的车辆电子综合系统来说，其测试分成3个层次，即部件测试、子系统测试、平台系统测试与仿真。部件测试、子系统测试一般是在部件/子系统的联调实验室或台架实验室里完成，平台系统测试与仿真是在电子综合系统动态综合实验室和整车总装车间里完成。

随着电子技术、计算机技术、软件技术、网络技术和测试技术的发展及其在测试验证领域的应用，车辆的综合测试技术在测试方法、测试手段、测试仪器集成等方面发生了很大的变化，而装备的功能要求也越来越复杂，性能指标要求也越来越精细化，不仅要求部件/子系统接口、功能和性能在独立工作状态下可测量和可验证，还要求平台层面上的各部件/子系统同时在某约定任务剖面下工作时，其接口、功能和性能可测量、可验证。因此，首先在航空领域综合测试出现了所谓静态和动态的区别，而坦克装甲车辆的动态综合测试概念来源于航空。随着车辆电子系统的综合化和任务模式的复杂化，测试验证的被测环境对真实工作状态的仿真要求也不断提高，综合测试验证逐渐由传统的静态综合测试向动态综合测试转变过渡。

相对于静态综合测试，动态综合测试有以下几点不同：

（1）增加了测试激励的数量、种类，提高了仿真程度。要求通过各种技术手段最大程度再现战场任务环境，为被测的车辆电子系统提供激励。

（2）提高了综合测试过程控制及管理的要求。要求对测试激励、测试脚本、测试控制、测试数据管理、结果评估等进行综合管理。

（3）提高了测试手段集成度，提高了测试和评估过程自动化程度。要求在各种战场任务想定下，在多种工作模式下实现重复而高效的测试和评估。

（4）在需求论证和方案阶段对车辆电子系统提供早期的仿真验证支持。

6.1.2　综合测试验证一般工作内容

综合测试验证包括测试设计、测试实施和测试评估三大方面内容，旨在解决测什么、怎么测、用什么测及判据是什么这几个问题，具体内容包括：

（1）测试需求分析。

（2）测试性分析。

（3）测试方案设计。

（4）测试系统设计。

（5）测试方法和用例设计。

（6）测试实施。

（7）测试结果评价。

6.1.3　综合测试验证基本原理和方法

综合测试验证是部件级、子系统级、系统级和平台级的接口、功能和性能的符合性和匹配性验证，以及在不同工作状态，如正常状态、故障状态及多工作模式组合情况下进行测试验证。具体是通过在统一供电状态下对接口、部件、子系统、系统和平台施加真实或仿真的激励，依据"激励－响应"基本原理来实现。完成一项测试的基本流程如图 6 - 2 所示。

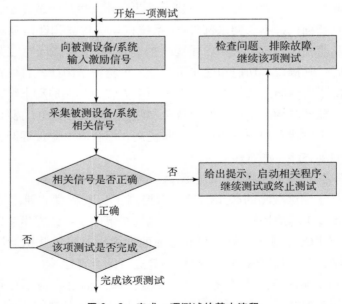

图 6 - 2　完成一项测试的基本流程

综合测试验证的策略主要分为非增量的综合和增量的综合。非增量的综合是指通过一次过程完成所有组件和系统的综合；增量的综合是指每一步只综合一小部分系统组件。车辆电子综合系统的综合测试验证一般采用以下几种方法：

（1）"通过/不通过"（GO/NOGO）测试。"通过/不通过"测试是快速报告测量结果是否在允许界限内的一种测试方法。经常在上电 BIT 和维修 BIT 中采用。如果每项测试都一一通过，则认为被测对象测试合格；若某项测试未通过，则需要进一步做故障隔离测试，直到诊断至维修可更换单元。

（2）自上而下的方法。也称为降级法，把被测对象分为几个大的部分，如 A、B、C 等，分别对 A、B、C 等进行测试，直到各部分测试都通过。如果某一部分（如 B）没通过，进入了"NOGO"，则把该部分再划分为几个小部分，如 B1、B2、B3 等，再逐块进行测试。如发现故障（如在 B3 中），则继续再次细分和测试，直到诊断至维修可更换单元。

（3）自下而上的方法。也称为升级法或滚雪球法，从最小的组件/部件开始综合，再到子系统，然后到整车系统，逐渐扩大被测试部分。如果遇到故障，即进行诊断和维修后继续测试，直到整个系统通过测试为止。

当采用增量综合的策略时，在测试中需要对尚未进行综合的组件进行仿真，这是一个很复杂的过程，而采用非增量的传统综合方法时不需要这一过程。尽管如此，非增量的综合还是存在很多弊端：在进行非增量综合时，所有的组件都必须是可获得的，也就是说，当某一组件的开发尚未完成时就无法对系统进行综合；由于非增量综合的特点，很难对故障进行定位、分析和隔离，因此，尽管增量综合的测试过程略微繁杂，但它是一种可持续、可迭代的方法，尤其适合于复杂系统。

6.1.4 车辆电子综合系统综合测试验证技术体系

车辆电子综合系统综合测试验证技术是一项具有总体性质的专业技术，是站在系统各层面和第三方角度，开展测试性分析和测试需求论证、测试方案设计、测试方法及用例设计、测试系统设计、测试实施、测试判读与评估等活动。技术涉及电子测试测量技术、计算机技术、自动化技术、通信技术等，几乎涵盖所有的电类专业。

车辆电子综合系统综合测试验证技术体系如图 6 - 3 所示。

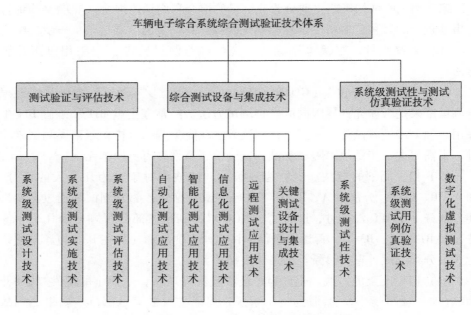

图6-3 车辆电子综合系统综合测试验证技术体系

|6.2 车辆电子综合系统综合测试验证工作内容|

6.2.1 测试验证需求论证

车辆电子综合系统测试性需求是车辆测试性总体需求的组成部分。车辆电子综合系统测试性设计为车辆总体层面的测试实施提供资源和手段。车辆测试性总体需求论证一般包括以下方面：

（1）基于车辆任务使命（如有人车辆/无人车辆）提出测试性总体要求。

（2）针对车辆复杂功能模块（如起动－发电－电传动功能）提高测试验证充分性提出测试性要求。

（3）针对提高车辆（不同工作模式组合和环境下）测试验证效率提出测试性要求。

（4）针对用户关注（如可视化、虚拟训练）和体验提出测试性要求。

（5）针对车辆某一项功能和性能状态（如电传动能量效率测试）提出测

试性要求。

（6）从车辆全任务剖面过程出发，对产品进行故障模式影响及危害度分析（Failure Mode，Effects and Criticality Analysis，FMECA），针对状态监控、故障诊断、健康预测与管理等提出测试性要求。

（7）针对车辆关键模块或功能（如车辆通信网络）提出测试性要求。

（8）针对车辆智能化管理模块（如无人车辆控制管理计算机、有人车辆核心处理机等）提出测试性要求。

（9）针对车辆运行软件提出测试性要求。

依据装备的任务想定方案、测试性及诊断方案以及功能及性能设计方案，经过权衡分析，形成任务仿真需求、测试性验证需求、功能验证及指标测试需求。

装备仿真测试验证的一般工作过程如图 6 - 4 所示。这个过程是一个迭代过程。

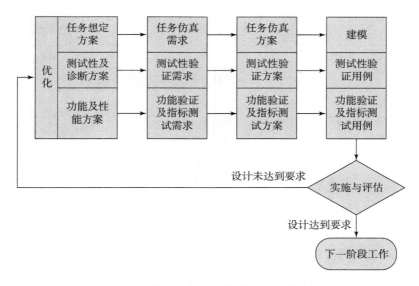

图 6 - 4　装备仿真测试验证的一般工作过程

6.2.2　车辆电子综合系统主要的综合测试验证需求

以本书第 2 章中对"阿玛塔"坦克需求分析为依据，对车辆电子综合系统的综合测试验证需求进行分析。

车辆电子综合系统的综合测试验证需求分为三大类：车辆电子综合系统任务仿真验证、部件/子系统测试性设计验证及平台典型应用的功能综合验证与性能测试。

6.2.2.1　车辆电子综合系统任务仿真验证

车辆电子综合系统任务仿真验证分为系统及平台仿真验证和作战指挥仿真验证两个层级。系统及平台仿真验证目的是为新系统或平台研制设计提供依据，对系统及平台的性能进行评估，以及利用仿真系统对使用人员进行训练；作战指挥仿真验证也称为作战模拟，是利用计算机构造出战场环境模型，用于对指挥员和作战人员进行指挥和作战训练，对作战方案及装备作战效能进行评估。

车辆电子综合系统任务仿真验证需要依托于车辆电子综合系统动态综合测试设施。

车辆电子综合系统任务仿真验证联邦构成如图 6 - 5 所示。

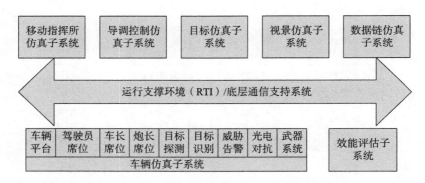

图 6 - 5　车辆电子综合系统任务仿真验证联邦构成

系统及平台仿真验证主要有以下需求：

（1）驾驶员典型操作流程验证。

（2）车长典型操作流程验证。

（3）炮长典型操作流程验证。

（4）故障及应急模式下操作流程验证。

（5）平台典型机动剖面操作流程验证。

（6）视距内目标打击剖面操作流程验证。

（7）超视距目标打击剖面操作流程验证。

（8）地面威胁防护剖面操作流程验证。

（9）空中威胁防护剖面操作流程验证。

作战指挥仿真验证主要有以下需求：

（1）单车察打任务仿真及评估。

（2）编队协同空中拒止及地面突击任务仿真及评估。

6.2.2.2　部件/子系统测试性设计验证

国内采取的主要验证手段是通过收集历史数据和实验室故障注入产生的数据，建立相应的试验台，对相应领域的各种故障诊断和预测方法进行核查和验证评价。在航空重点型号已经开展的测试性试验试点工作中，一方面对产品的测试性设计进行核查，另一方面对已掌握的测试性验证试验方法、故障注入技术以及测试性试验实施方法进行工程验证，已经初步探索并建立了一条型号测试性验证试验的工程化实施路径。航空装备的测试性验证与评价技术取得的成果对于装甲装备的测试性验证与评价研究具有重要的参照意义。

1. 测试性验证与评价的目的

（1）通过注入 SRU 最小功能单元故障，能够考核设备对 SRU 的故障检测和隔离能力，考核产品能否满足设备测试性设计要求。

（2）通过故障注入试验，并结合测试性模型，能够得到合理有效的测试点部署方案、检测门限/阈值、检测逻辑、上报方式等，进而为设备/系统的测试性设计提出详细改进建议。

（3）通过测试性试验得到的 LRU、设备、分系统的故障影响及故障响应输出，能够为外部测试系统设计提供数据依据和支撑。

（4）基于试验得到的 LRU、设备、分系统测试性指标，能够分析得到系统的测试性指标，为系统定型中的测试性指标验证提供基础。

2. 部件/子系统测试性设计的验证需求

（1）综合处理机工作状态监控功能验证。

（2）推进系统电子部件/子系统 BIT 设计验证。

（3）机电系统电子部件/子系统 BIT 设计验证。

（4）通信导航电子部件/子系统 BIT 设计验证。

（5）综合防护系统电子部件/子系统 BIT 设计验证。

（6）武器控制系统电子部件/子系统 BIT 设计验证。

部件/子系统测试性设计的测试性验证与评价原理如图 6 - 6 所示。

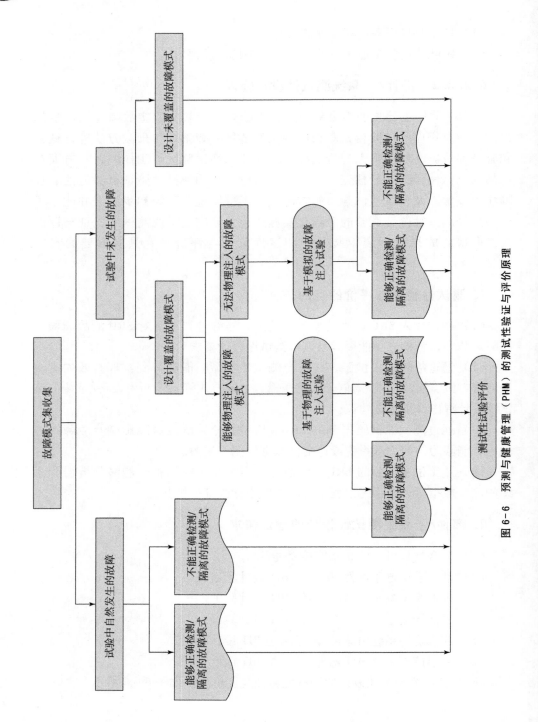

图 6-6　预测与健康管理（PHM）的测试性试验验证与评价原理

6.2.2.3　典型部件或应用的功能综合验证与性能测试需求

（1）核心机信息处理模块构件增量式综合的功能验证及性能测试。

（2）核心机信号处理模块构件增量式综合的功能验证及性能测试。

（3）核心机图像处理模块构件增量式综合的功能验证及性能测试。

（4）人机交互功能验证及性能测试。

（5）FlexRay 总线传输接口测试与验证。

（6）FlexRay 总线传输性能指标测试。

（7）FC 网络交换功能验证及性能指标测试。

（8）车际通信功能验证及性能指标测试。

（9）系统平台级健康管理功能验证。

（10）系统降级模式及席位迁移功能验证。

6.2.3　车辆电子综合系统综合测试与验证方案设计

6.2.3.1　车辆电子综合系统仿真验证方案

依据总体及子系统或部件的仿真验证要求，进行总体及子系统或部件的仿真验证方案设计。车辆电子综合系统仿真验证工作需要依托动态综合实验室，因此仿真验证方案内容应包括系统、子系统/部件建模、在不同研制阶段仿真验证任务的分析和确定、动态综合实验室条件规划等。

车辆电子综合系统由于资源和信息的共享，加深了各功能项之间的依赖程度，越来越多功能的实现依赖于其他子系统的参与。但是在许多情况下不可能所有的真实设备都能同时参加综合。例如，在子系统或软件开发阶段，需要仿真系统中与被测子系统直接或间接相关的其他子系统。在全系统综合阶段，一方面部分子系统可能延期交付或有故障，无法参加系统综合试验；另一方面，并非一开始就将所有真实设备集成起来，而是先从基本的核心功能、核心子系统开始综合，逐步加入其他部分，直至综合完所有子系统和功能。因此，车辆电子综合系统仿真模型成为非常必要的组成要素，主要涉及各个子系统的行为模型、性能模型和环境模型。这 3 个模型将从不同的视角对系统进行描述，并互为补充，替代缺席的、延期交付或有故障的真实子系统，以保证系统的综合试验不会因为各种原因造成的子系统缺席而无法进行。

车辆电子综合系统平台级的仿真模型包括：

（1）雷达仿真。

（2）通信与敌我识别仿真。

（3）光电传感器仿真。

（4）导航仿真。

（5）武器火控仿真。

（6）任务与管理仿真。

（7）显示控制仿真（操控台、显控终端、告警设备、头盔、语音设备）。

（8）作战单元/兵种协同的任务仿真。

（9）多组作战单元的路线导航仿真。

（10）无人装备的侦察任务仿真。

（11）作战单元/兵种协同的火力仿真。

6.2.3.2　车辆电子综合系统测试性设计、诊断及验证评估方案

依据总体及子系统或部件的诊断要求，进行总体及子系统或部件的诊断方案设计。诊断方案是指对整车系统、子系统/部件进行故障诊断的总体设想，包括诊断范围、对象、使用的方法和诊断能力等。诊断方案一般需要对嵌入式测试、外部自动测试和人工测试这几种方式进行权衡，在对费用、诊断能力和效费比进行综合权衡的基础上，确定最佳诊断方案。

对于提高基层级故障诊断能力，嵌入式诊断和测试是不可或缺的手段，这就需要对整车系统、子系统/部件进行分析。针对分析结果，增加测试点和进行固有测试性设计，对设计结果进行测试性预计和分析，看是否达到诊断要求的指标。测试性预计和分析可以采用软件工具完成，目前使用比较多的有国外Qualtech 公司的 TEAMS、DSI 公司的 eXpress、旋极公司的 TADS，以及国内北航的 TMAS、中航 301 所的 TESTLAB 等。

测试性验证方案设计与评估技术涉及测试设计技术、测试实施与评估技术。针对子系统/部件的测试性验证一般采用故障注入的激励方式，故障注入包括外部总线故障注入、基于探针的故障注入、基于转接板的故障注入、插拔式故障注入、基于软件的故障注入等；测试实施与评估技术研究一般包括定数试验方法研究、截尾序贯试验方法研究、试验样本抽样方法研究、试验评估方法研究等。

6.2.3.3　车辆电子综合系统技术性能指标验证方案

依据总体及子系统或部件对技术性能指标验证的要求进行总体及子系统或部件的技术性能指标验证方案设计。通过对车辆的功能和性能技术指标、工作模式等进行测试覆盖分析，识别并确定可测试项目和不可测试项目，对不可测试项目采取有效控制和验证措施。

测试覆盖分析需要考虑以下内容：

（1）确认整车系统的功能要求、性能要求、接口要求、工作模式、故障模式等的测试性和测试时机。

（2）确认子系统/部件的功能要求、性能要求、接口要求、工作模式、故障模式等的测试性和测试时机。

（3）统筹并确认各研制阶段、各类型测试验证试验的测试任务，如任务需求仿真试验、子系统/部件联调台架试验、环境适应性试验、总装联调试验、专项试验（如电磁兼容试验）等。

（4）确认各类不可测项目的验证方式（计算、仿真、过程控制）和控制要求。

6.2.4　车辆电子综合系统动态综合测试设施

车辆电子综合系统动态综合测试主要是利用仿真与综合测试平台，逐步把车辆电子综合系统的所有部分（模型或实物）按照系统设计的逻辑架构和物理架构集成起来，使其在各种外部环境下动态运行，从而验证和测试系统整体是否工作正常，系统整体是否满足设计所要求的功能和性能。系统综合试验的过程是一个逐步进行，不断发现问题、解决问题，以及设计迭代的过程。

6.2.4.1　测试控制及管理设备

测试控制及管理设备是实现测试验证综合试验活动的载体，对综合试验工作流程中所有的文件、过程、数据以及报告等进行管理。通过建立统一的综合试验管理平台，实现信息共享、保证试验过程可控、试验结果和数据可靠可信、试验结果可追溯。

综合试验管理主要包括：

（1）试验计划和进度的管理。

（2）综合试验测试项目、试验程序和测试用例管理。

（3）试验想定管理。

（4）综合试验过程的控制与管理。

（5）综合试验资源管理。

（6）综合试验数据及故障信息管理。

（7）综合试验分析与试验报告管理。

通过对试验设计与试验执行过程进行管理，并与系统设计相关联，来检查系统综合试验对系统设计的覆盖程度。

建立测试用例库，在各个阶段、各个层次及各种类型的系统综合试验中，编制相应的测试用例库，规定综合试验的条件、操作、系统内外交互、期望响应及环境条件、作为测试执行的依据。测试用例具有延续性，并可重复使用，从系统需求分析、系统设计、软件测试，到子系统综合、系统综合、外场试飞以及使用维护等综合试验中，不断延续、积累、完善测试用例，从而使系统测试完整、全面。

试验数据及故障信息是试验结果分析的基础，也是系统鉴定的依据，同时为作战使用研究、系统升级改进提供有力支持。试验数据及故障信息的来源包括地面实验室的试验结果和外场试飞的试验结果，试验数据管理包括试验数据采集、存储、处理、分析、检索与利用，故障信息的管理包括故障信息的描述、定位、跟踪和更改状态。

综合试验管理平台将试验任务、测试用例、测试场景、试验数据、故障信息、结果分析以及测试报告等统一管理，相互关联，提高综合测试结果的一致性和确定性，使测试结果可追溯。

6.2.4.2 外部工作激励

外部测试环境仿真模型用于对影响车辆电子综合系统工作的外部实体进行模拟，主要应包括：

（1）车辆运动学仿真。车辆运动学仿真是基于六自由度车辆动力学和运动学模型，提供人在环控制的六自由度车辆驾驶仿真。虽然车辆运动学仿真系统只是为车辆电子综合系统提供动态车辆参数，并不强调对车辆本身运动学特性的测试，但是，车辆电子综合系统作战任务的完成必须依靠车辆运动学特性的支撑，因此涉及系统任务级综合、系统评估和系统精度检查等与性能指标相关的综合活动时，车辆运动学仿真系统应尽可能反映真实车辆的特性。车辆运动学仿真系统除了具备人在环控制的车辆六自由度车辆运动学仿真能力，还应具有根据用户自定义的路线和地形，自动完成车辆运动学仿真的能力。

（2）战场场景仿真。包括三维地景模型、通信环境仿真模型、空中目标模型、地面移动目标模型、地面静止目标模型、大气模型、风模型、电磁特性模型、光电特性模型等。

（3）信号激励仿真。对于车辆电子系统综合试验而言，射频、光电等战术传感器的激励器尤为重要。随着射频技术、光电技术以及计算机图像处理等技术的发展，传感器激励器的能力得到大幅度提升，对于高度综合化的车辆电子系统的综合测试及车辆电子系统任务综合活动具有特别重要意义。

所有的传感器激励器必须以战场场景仿真系统的输出作为统一的激励数

据，保证整个车辆电子系统战场场景闭环、动态地工作，即雷达、红外探测系统等传感器所感知到的是同样的战场目标。

射频传感器的激励器能根据仿真的战场场景，产生能反映战场电特性的图像信号，通过光辐射和注入的方式来激励光电传感器。

6.2.4.3　故障注入技术

实验室故障注入技术是车辆综合电子系统 LRU（Line Replaceable Unit，现场可更换单元）/子系统层级测试性指标验证的主要途径。

（1）外部总线故障注入。外部总线故障注入是通过 UUT（Unit Under Test，被测单元）的外部接口（电连接器）进行注入。当受试设备需要与其他 LRU 或激励设备级联工作时，故障注入器置于 UUT 和其他 LRU（或激励设备）间的数据传输链路中，通过改变链路中的数据、信号或链路物理结构来实现故障注入；当外部激励能够影响 UUT 功能时，故障注入器直接与 UUT 外部接口相连，模拟故障激励实现故障的注入。

（2）基于探针的故障注入。基于探针的故障注入即将故障注入探针与被注入器件管脚、管脚连线、电连接器引脚相接触，通过改变管脚/引脚输出信号或互连结构实现故障的注入，具体有基于后驱动的故障注入、基于电压求和的故障注入和基于开关级联的故障注入。

（3）基于转接板的故障注入。在 2 个或 2 个以上电路板接口间加入专制的转接电路板或专制的电缆、导线，模拟产品 SRU 内部功能故障或外部接口在物理层、电气层、协议层的故障，在对 UUT 不作任何改动的条件下实施故障注入。其原理同外部总线故障注入。

（4）插拔式故障注入。插拔式故障注入是在确保不会造成不可恢复性影响的前提下，对 UUT 内部元器件、电路板、导线、电缆等的"拔出"或"插入"操作，或器件的焊上或焊下，或 UUT 外部导线、电缆的"拔出"或"插入"操作，以实现故障的注入。

（5）基于软件的故障注入。根据某种故障模型通过修改可编程芯片中的代码来模拟软件自身运行故障、芯片输出数据错误、地址错误、算法错误、接口错误等基本故障。软件故障注入包括两个方面：①通过软件控制芯片输入/输出，从而模拟由芯片基本故障而产生的 UUT 功能故障；②模拟软件自身的运行故障，如跑飞、宕机、计算溢出、异常处理等软件故障。根据故障注入时间可以将软件故障注入方法分为两类：编译期故障注入（Compile-time SWIFI，CT－SWIFI）和运行时故障注入（Run-time SWIFI，RT－SWIFI）。

6.2.5　车辆电子综合系统测试方法和用例设计

测试用例（test case）是为某个特殊目标而编制的一组测试输入、执行条件以及预期结果，以便测试某项功能或技术指标是否满足预期要求。测试用例设计是车辆电子综合系统测试验证的详细设计工作之一，体现测试方案、方法、技术和策略。测试用例既是测试设计的成果，又是测试执行的基础。透彻地理解设计需求是根本。需要对要测试什么、按照什么顺序测试、覆盖哪些需求有清晰的测试思路。常用的测试用例设计方法包括等价类划分法、边界值分析法、错误推测分析法、因果分析法、正交表分析法、任务场景分析法。

车辆电子综合系统测试用例需要覆盖部件、子系统、系统平台、作战分队级等各个层级，以及初样、正样、环境试验等各个阶段的测试项目。车辆电子综合系统测试用例设计程序一般包括测试用例体系规划、测试用例设计、测试用例设计评审、测试用例开发、测试用例验证及评审。测试用例的载体一般有两种形式：测试用例设计文档和测试用例自动化执行脚本。其中，测试用例设计文档主要用于测试用例的评审，便于理解和沟通；测试用例自动化执行脚本是计算机能够自动识别和自动执行的基本单元。

测试用例详细设计要求一般包括如下部分：

（1）测试用例名称。测试用例的名称应体现与测试用例功能的对应关系，准确无歧义，一般不超过 30 个字。

（2）编号标识。测试用例编号标识一般由型号任务代号、测试分系统/专业代号、测试用例序号和版本号等组成。

（3）关键词。关键词主要用于辅助测试用例的快速检索，方便应用，应体现测试用例的核心内容，一般不超过 5 个字。

（4）测试需求和目的。测试用例的需求和目的的分析是提高测试用例设计的前提，是测试用例优先级设置、测试用例执行策略优化，以及实现测试需求可追溯的重要基础。其要点一般包括以下两点：①系统分析测试用例涉及的功能点、指标点，提炼测试对象的关键特性和相关量化参数；②应明确是定性测试还是定量测试，确定测试验证次数和频度等需求，确保测试用例与测试需求相符。

（5）测试原理和测试策略。测试用例的测试原理和测试策略设计要点一般包括：①根据所要验证性能和指标的需求，应考虑不同任务场景和使用场景中的执行流程，制定测试用例应用策略，确定所能覆盖的功能、特性、过程/场景，测试用例参数；②针对关键功能和指标测试点，制定测试原理图，明确参数选取策略、测试方法和测试逻辑顺序，并确保测试数据精度等内容。

（6）测试过程控制。测试过程控制一般包括以下几点：①对测试用例运行环境，如被测产品、激励设备、测试设备和模拟负载设备的技术状态进行规定；②对测试用例的输入/输出参数，如测试场景参数、测试激励参数、测试相应参数、测试通用性和自动化执行等进行详细规定；③对测试数据处理及输出，如数据处理和对比方法、结果输出的合格判据、数据输出格式等进行明确和详细规定；④注意事项和风险控制措施，如明确测试用例涉及的主要技术风险点、前提条件、适用范围等，用以指导后续的测试用例应用；⑤执行时间，如应结合设计分析和测试验证的情况，确定测试用例执行所需时间，首次测试验证前可为预估值，一般精确到分钟。

（7）测试步骤设计。按照测试原理分解测试步骤，识别关键测试过程，明确每一测试步骤的测试输入激励、预期输出结果和判据、测试注意事项等。一般包括：①测试技术状态确认步骤；②测试初始化步骤；③测试执行步骤，如测试激励施加、测试判据、终止条件及恢复步骤等。

测试用例要素设计表格模板如表 6 – 1 所示。

表 6 – 1　测试用例要素设计表格模板

序号	要素名称	测试用例设计说明	备注
1	测试用例名称	测试用例名称应体现与测试需求的对应关系，准确无歧义	
2	编号标识（含版本号）	编号标识一般应包括型号代号、分系统代号、用例序号和版本号	
3	关键词	主要用于辅助测试用例的快速检索，方便应用	
4	测试需求和目的	明确测试目的、细化测试需求、识别测试关键特性，以及确定测试验证的次数和频度要求等	
5	测试技术状态	根据测试需求，明确细化测试用例运行环境	
6	测试原理与测试策略	重点针对关键功能和指标测试点，明确参数选取策略、测试方法和测试逻辑顺序，并确保测试数据精度等	
7	输入/输出参数	选择相应的一组测试场景参数作为输入，根据测试类型、测试原理方法、测试环境等输出相应的数据、判决值等	
8	测试步骤	按照测试原理详细分解测试步骤，识别关键测试过程，明确每一个测试步骤的测试输入激励、预期输出测试结果及判据、测试注意事项等	
9	数据处理方法及报告输出格式	明确测试结果输出判据、数据处理方法、报告输出格式，并作为该测试用例执行结果正确性判读的依据	

续表

序号	要素名称	测试用例设计说明	备注
10	执行所需时间	应明确本测试用例执行过程所需的时间，一般要精确到分钟	
11	注意事项和风险控制措施	明确本测试用例所涉及的技术风险以及相应的量化控制措施	
12	履历说明	记录本测试用例从设计、修改、验证、应用等过程履历情况	
13	责任人	应明确本测试用例的设计、使用、维护责任人	

测试步骤设计表格模板如表 6 – 2 所示。

表 6 – 2　测试步骤设计表格模板

测试用例名称								
编号（含版本号）								
序号	工作项目	测试工作程序及要求	指令或参数	判读要求	单位	实测结果	判读结论	备注
1								
2								
3								
测试日期		执行人			复核人			
环境确认		测试负责人			测试检验			

6.2.6　坦克装甲车辆测试性设计建议

传统的坦克装甲车辆研制流程包括产品需求论证、设计、研制、测试、试验等阶段。如果完全采用这种顺序的研制流程，那么必然会导致装备的设计阶段同测试阶段之间存在明显的割裂，往往把注意力集中在装备的功能和性能的设计实现上，而忽视其功能和性能的测试实现，导致可测试性差，甚至不可测试。为此需要采用并行的设计流程来替代传统顺序的研制流程。

在并行的研制流程下，测试设计师从需求论证阶段开始就参与研制流程，清楚了解系统的功能；在设计阶段，与系统设计师以及子系统设计师一起参与设计工作，进行整车级测试性设计及对子系统/部件提出测试性设计要求。也就是说，在整个研制流程中，测试人员应该负责装备测试性指标的论证分解、测试性设计分析等，从测试性角度给功能和性能的设计提出合理建议，同时对测试验证条件保障如功能和性能的动态综合实验室、测试性设计验证实验室等进行论证和设计。具体建议包括：

（1）在尽量低层的地方开展尽可能多的测试活动，在早期最容易解决问题的阶段发现更多的问题。

（2）制订测试性工作计划，对测试任务进行梳理，规划测试层级，哪些测试在系统级进行——哪些测试在子系统或部件级进行，不同测试层级的测试容差如何匹配等；限定测试数量和复杂性，避免重复测试，同时保证测试覆盖性。

（3）在系统级测试活动中尽可能采用在设备级测试过程中采用的各种相似的测试活动。

（4）在系统级测试中尽可能重用在设备级测试过程中采用的电子以及机械测试设备，从而可以进行测试数据的比对和评估。

（5）采用更利于访问的接口形式，方便系统测试。

（6）设计应该具有一定的继承性，使利用以前的测试数据和结果成为可能。

（7）优化功能层次，允许更容易地访问内部被测单元。

（8）最小化、标准化机械设备和电子设备的接口。

6.3　故障诊断处理、故障预测与健康评估

6.3.1　故障诊断和健康管理总体设计

1. 某坦克装甲车辆电子综合系统故障诊断和健康管理总体架构

以前面章节描述的某坦克装甲车辆电子综合系统实例为例，进行故障诊断和健康管理总体架构描述。故障诊断与健康管理架构依托于整车通信连接架构，各子系统和部件都需要进行测试性的嵌入式诊断设计，如图 6－7 所示。

坦克装甲车辆测试性是坦克装甲车辆系统/部件能及时、准确地确定其状态（可工作、不可工作或性能下降）并隔离其内部故障的一种设计特性。

坦克装甲车辆健康状态是对坦克装甲车辆系统、子系统、LRU（或 LRM）和 SRU 在执行其规定功能时所表现出能力的综合描述，根据其系统、子系统、

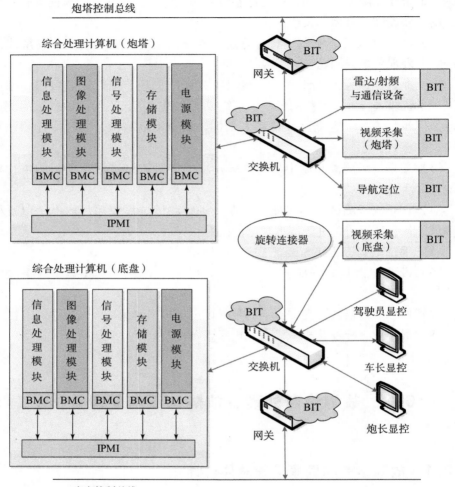

图 6 - 7　某车辆电子综合系统故障诊断和健康管理总体架构

LRU 和 SRU 在执行规定的功能时的表现，可以描述为正常、故障以及不同程度的性能下降。

坦克装甲车辆的健康管理是以车辆运行中的实时报告、部件的寿命记录、历史数据、维修案例等为依据，对车辆进行有针对性的维修，达到高效组织维修活动、降低维修成本、减少维修时间的目的。

健康管理由一系列活动构成，分为 4 类，前两项需要部件和系统进行测试性设计来实现，后两项和维修性密切相关：

（1）诊断与预测——获取系统/子系统/LRU/SRU 故障或者性能下降程度。

（2）缓解/减轻影响——对故障进行必要处理，如系统重构，同时在故障条件下尽量保证安全性和任务有效性。

（3）修复——替换故障的元件使系统恢复到正常状态。

（4）检验——确定修复已经解决问题并且没有潜在的负面影响。

2. 故障诊断需求与功能

（1）在线状态监控与故障诊断。该功能目的是实现基层级将故障定位到 3 个 LRU 以内，需要部件和系统进行测试性设计来实现。该功能包括两个层级：一个位于子系统/部件层级，由子系统/部件的 BIT 完成子系统/部件自身的状态监测和故障诊断；第二个层级位于平台级，由车辆核心机内运行的故障诊断和健康管理模块完成平台状态监控及子系统之间交联故障的诊断、健康管理与冗余降级控制。

（2）在线状态监控与故障诊断数据显示与告警。该功能与乘员显控设计统一考虑，是乘员显控设计重要组成之一。

3. 健康管理需求与功能

（1）状态监控与故障诊断数据存储。状态监控与故障诊断数据存储包括数据存储配置管理、数据记录仪对底盘/炮塔 FlexRay 总线数据存储、数据记录仪对规定范围的模拟量和数字量进行采集和存储、炮塔核心机对防护 FlexRay 总线数据存储、武器实时控制装置对武器 FlexRay 总线数据及目标视频数据存储等功能。

（2）状态监控与故障诊断数据下载与离线分析。状态监控与故障诊断数据下载与离线分析包括故障分析与状态预测功能，由外部诊断设备如诊断笔记本计算机、便携式手持诊断仪等完成。这些外部测试设备可以连接到车辆的通信网络，对故障的节点部件进行原位测试，实现基层级现场维修。外部诊断设备也可以下载车辆的状态监控与故障诊断数据，利用解析软件进行离线故障分析和关键部件或功能的状态预测。

6.3.2　故障诊断与健康管理技术

1. 子系统/部件测试性设计

部件的在线状态监控与故障诊断需要用部件进行测试性设计来实现。电子部件测试性设计以 BIT 为主要方式。电子部件依据不同的使用时机，规划了 3 种 BIT：上电 BIT、周期 BIT、维护 BIT。上电 BIT 是当系统接通电源时启动执行规定检测程序的一种 BIT。当给系统通电时，上电 BIT 即开始工作，它无须操作人员的介入。周期 BIT 是以规定时间间隔周期地进行测试的 BIT，是需要借助微处理器或计算机以及相应的软件进行故障判断和隔离的 BIT 方式。周期 BIT 在系统运行的整个过程中都工作，从系统上电的时刻开始直到电源关闭之前都将运行。周期 BIT 不干扰系统功能的运行，也无须外部的介入。维护 BIT 是在系统完成任务后执行维修检查测试的 BIT。它通过显控终端的维修界面启动针对某子系统或部件的维护测试，也可通过外部测试设备启动一系列子系统测试。维护 BIT 给维护人员提供更多与故障有关的详细信息，并帮助查找故障和进行系统调整。

对于具有嵌入式微处理器的一般子系统电子部件，上电 BIT 一般应完成以下步骤：处理器测试、FLASH（或 NVRAM）存储器测试、SDRAM 存储器测试、中断功能测试、看门狗报警测试、看门狗正常测试、定时器定时功能测试、超时中断测试、串行口测试、模拟输入和数字输入测试。若上电 BIT 未通过，则有部件机箱或电路板上的指示灯指示故障。

子系统/部件以节点形式通过 FC 网络和 FlexRay 总线互联，这种架构有利于对电子部件进行 LRU 级的故障隔离。在网络或总线的信息架构下，要求每个挂接的电子部件进行 BIT 设计，周期 BIT 的主要内容是 FC/FlexRay 节点通信状态和工作状态监测，通过总线网络上传 BIT 结果，由平台级的状态监测和故障诊断程序对各个 BIT 结果进行关联性分析，最终确定故障部件。

2. 综合处理机测试性设计

由于电子部件复杂程度、重要程度和工作特点各不相同，BIT 设计的复杂度和内容也有所不同，两台核心机是整车功能实现的信息中枢，又一般在湿热、盐雾、冲击、振动、强电磁干扰等恶劣环境中，应比一般子系统的电子控制部件测试性设计的覆盖度更全面，因而也更复杂。

智能平台管理接口（Intelligent Platform Management Interface，IPMI）是由 Intel、HP、Dell、NEC 四家公司联合制定的一套跨平台管理和监控服务器工作状态的接口规范。IPMI 规范是一个开放的免费标准，通过 IPMI 规范可以有效地检测计算机内部的物理特征，如各部件的温度、电压、风扇工作状态等。

IPMI 规范的核心是一个专用芯片/控制器 BMC（Baseboard Management Controller），与 BMC 相关联的是一组无源存储器，包括 SDR（Sensor Data Record）、SEL（System Event Log）、FRU（Field Replaceable Unit）。其中，SDR 中存储了系统中所有传感器的信息（包括传感器的位置、类型、门限值等）；SEL 用于存储系统事件日志（采集到的 CPU 状态信息、风扇转速信息、温度信息等信息）；FRU 存储了主板上各个系统组件的信息（设备序列号、部件号、型号、资产标签等）。所有的 SDR、SEL 及 FRU 信息也可存储在一片 EEPROM 芯片中。

IPMI 规范提供了 IPMB（Intelligent Platform Management Bus，智能平台管理总线）接口。IPMB 基于 I^2C 总线标准实现，用于实现主板上不同组件之间的通信。在工作时，所有的 IPMI 功能都是通过 IPMI 总线向 BMC 发送命令来完成的，命令使用 IPMI 规范中规定的指令，BMC 接收并在 SEL 中记录事件消息，维护描述系统中传感器情况的 SDR。BMC 通过与主板上的不同传感器通信来监视主板系统的物理参数，并在某些参数超出其预置阈值时发出警报和日志事件。BMC 从不同的传感器收集信息，存到本地的 SEL 作为系统事件日志，便于以后查询。综合处理机采用 IPMI 实现的 BIT 系统，能够实时采集信息处理模块、信号处理模块、图像处理模块及存储模块上核心组件的温度、电压信息，并转换为标准的消息格式发送给相应的控制器和管理软件，诊断并存储故障状况，这些信息同时会被发送到综合处理机的故障诊断与健康管理软件模块。综合处理机其他服务构件还会对 CPU 负载率、内存占用率、以太网端口状态等信息进行监测，通过 FC 网络发送给乘员终端显示，最终实现综合处理机的实时状态监控和故障诊断。

基于 IPMI 架构的综合处理机 BIT 原理框图如图 6-8 所示。

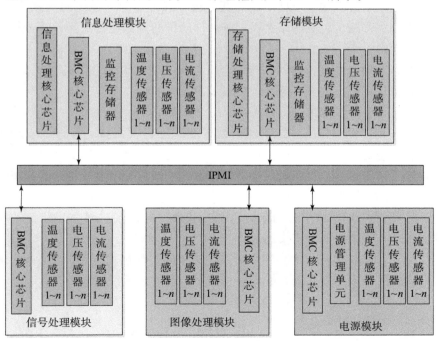

图 6-8 基于 IPMI 架构的综合处理机 BIT 原理框图

状态监控单元是综合处理机模块内部状态监控、板卡控制的核心，选用 STM32F051 芯片。状态监控单元具备 2 路 UART、2 路 I²C 总线接口。其中，UART 1 直接连接综合处理机模块的核心处理器，用于与处理器直接交互信息（如系统运行状态等）；UART 2 连接到板卡外部作为测试总线用于板卡内部功能测试通道；I²C 1 用于连接板内 I²C 设备（如温度传感器、电源管理单元等），可以定时获取板卡内部各类信息（如温度、电压、电流等）；I²C 2 被连接到板外与其他板卡 I²C 组成测试维护总线。

电源管理单元提供板卡内部供电状态监控和供电控制功能。电源管理单元可以获取底板提供的各路电源的电压、电流信息，并在必要时可以通过 I²C 总线获取指令，针对某一路或几路电源进行关断、打开控制，用于在板卡内部出现故障时进行故障隔离和任务迁移。

3. 平台层级诊断设计

平台级的在线状态监控与故障诊断需要平台级的测试性设计来实现，由车辆核心机内运行的故障诊断和健康管理软件模块实现。其主要完成平台状态监控及子系统之间交联故障的诊断、健康管理与冗余降级处置。故障诊断方法为基于规则的诊断推理和基于模型的诊断推理，通过建立子系统的测试性模型，获得故障模式和测试之间的相关性矩阵，作为诊断规则进行故障诊断依据。其包括以下功能：

（1）各车辆子系统工作状态与综合机电系统配电状态的交联故障诊断。

（2）推进系统下属各子系统之间的交联故障诊断。

（3）基于多个总线节点心跳监测的总线故障诊断。

（4）车辆工作参数监控；车辆参数一般包括行驶距离、车速、发动机摩托小时、发动机转速、驱动电机输出功率、弹药量、燃料平均消耗量、蓄电池荷电容量、环境气温、空气颗粒物监控信息、油液监控信息、变速器打滑、制动器磨损监控、地形探测、振动监控等。

（5）基于 CPU 负载率、内存占用率、以太网端口状态等信息监测的核心机健康管理与冗余降低处置策略。

（6）推进系统跛行模式、乘员舱系统降级模式（席位迁移）、综合机电系统省电模式、无人炮塔武器系统应急模式、综合防护系统应急模式。

参考文献

［1］周立伟．宽束电子光学［M］．北京：北京理工大学出版社，1995．

［2］辛希孟．信息技术与信息服务国际研讨会论文集：A集［M］．北京：中国社会科学出版社，1994．

［3］刘勇，毛明，陈旺．坦克装甲车辆信息系统设计理论与方法［M］．北京：兵器工业出版社，2017．

［4］任占勇．航空电子产品预测与健康管理技术［M］．北京：国防工业出版社，2013．

［5］蒲小勃．现代航空电子系统与综合［M］．北京：航空工业出版社，2013．

［6］王华茂．航天器综合测试技术［M］．北京：北京理工大学出版社，2018．

［7］陈磊，张恺玉．基于IPMI的CPCI加固计算机BIT技术研究与设计［J］．现代工业经济和信息化，2016，6（114）．

索 引

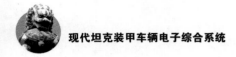

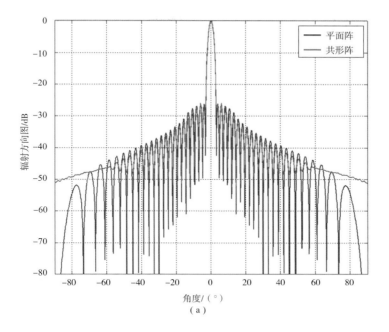

（a）

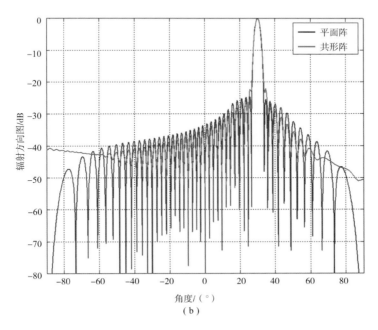

（b）

图 4 - 22　方位维辐射方向图

（a）扫描 0°；（b）扫描 30°

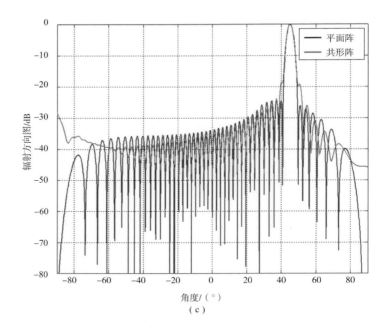

（c）

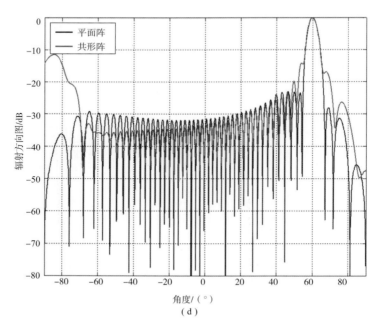

（d）

图 4-22　方位维辐射方向图（续）

（c）扫描 45°；（d）扫描 60°

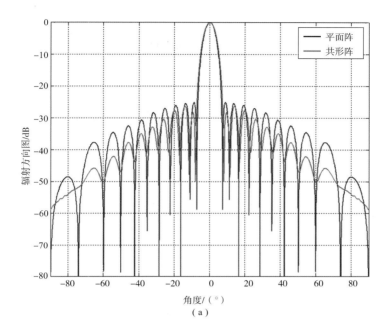

（a）

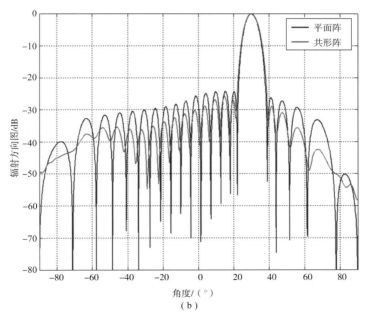

（b）

图 4 - 23　俯仰维辐射方向图

（a）扫描 0°；（b）扫描 30°

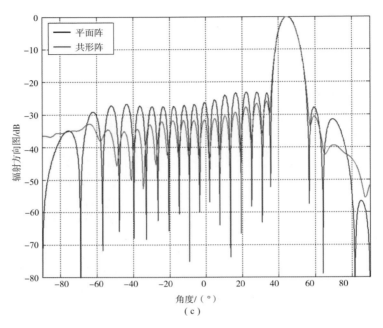

图 4 - 23　俯仰维辐射方向图 （续）

（c）扫描 45°